U0338123

国家自然科学基金项目（42202138）资助
江苏省自然科学基金项目（BK20221145）资助
中国博士后科学基金项目（2023T160686）资助

华北晚古生代盆地中部煤系沉积与构造热演化及油气生成效应

余 坤 琚宜文 著

中国矿业大学出版社
·徐州·

内 容 提 要

本书以华北晚古生代盆地中部中生代以来分异形成的鄂尔多斯盆地东缘和沁水盆地为研究区，采用总有机碳测定、显微组分鉴定、镜质组反射率测试、岩石热解和主微量元素分析等实验测试方法与盆地模拟技术，阐明了石炭-二叠纪太原组与山西组煤系沉积环境与构造热演化过程及其动力学机制，揭示了沉积与构造热演化对煤系有机质富集、成熟与生烃的作用，提出了盆地差异演化的有机质富集模式和生烃模式，为沉积盆地中油气资源评价及油气开采有利区的选取提供了理论依据。

本书可供从事能源盆地演化和非常规油气地质领域的研究人员使用，也可供油气地质类相关专业的大专院校师生阅读参考。

图书在版编目(CIP)数据

华北晚古生代盆地中部煤系沉积与构造热演化及油气生成效应/余坤,琚宜文著.—徐州:中国矿业大学出版社,2024.2

ISBN 978 - 7 - 5646 - 5947 - 9

Ⅰ.①华… Ⅱ.①余… ②琚… Ⅲ.①华北板块—晚古生代—盆地演化—煤系—有机地球化学—含油气性

Ⅳ.①P618.130.2

中国国家版本馆 CIP 数据核字(2023)第 183625 号

书　　名	华北晚古生代盆地中部煤系沉积与构造热演化及油气生成效应
著　　者	余　坤　琚宜文
责任编辑	何晓明　李　敬
出版发行	中国矿业大学出版社有限责任公司
	(江苏省徐州市解放南路　邮编221008)
营销热线	(0516)83885370　83884103
出版服务	(0516)83995789　83884920
网　　址	http://www.cumtp.com　E-mail:cumtpvip@cumtp.com
印　　刷	苏州市古得堡数码印刷有限公司
开　　本	787 mm×1092 mm　1/16　印张 11.75　字数 230 千字
版次印次	2024 年 2 月第 1 版　2024 年 2 月第 1 次印刷
定　　价	52.00 元

(图书出现印装质量问题,本社负责调换)

前　言

　　华北克拉通自古生代以来长期处于古亚洲、特提斯和太平洋构造域三大动力系统的交汇处,其经历了克拉通盆地的形成演化、克拉通破坏以及突发式成藏成矿等重要过程。作为华北克拉通盆地形成重要阶段的晚古生代,其演化过程中伴生的丰富油气、煤炭和地热等资源,奠定了华北地区长期以来作为我国重要能源基地的基础。因而,对华北晚古生代盆地煤系有机质来源、烃源岩形成、烃类生成过程以及油气资源预测评价的研究,成为地质学家关注的热点问题。本书以华北晚古生代盆地中部中生代以来分异形成的鄂尔多斯盆地东缘和沁水盆地为研究区,采用总有机碳测定、显微组分鉴定、镜质组反射率测试、岩石热解和主微量元素分析等实验测试方法与盆地模拟技术,阐明了石炭-二叠纪太原组与山西组煤系沉积环境与构造热演化过程及其动力学机制,揭示了沉积与构造热演化对煤系有机质富集、成熟与生烃的作用,提出了盆地差异演化的有机质富集模式和生烃模式。

　　本书第一章介绍了沉积盆地演化与有机质富集生烃作用的研究进展。第二章分析了华北地区晚古生代的沉积与构造背景,阐述了鄂尔多斯盆地和沁水盆地的地质特征。第三章厘定了华北晚古生代沉积盆地中部煤系沉积期的三大沉积体系——碳酸盐潮坪、障壁岛-潟湖、三角洲沉积体系;提出了浅海相和过渡相煤系烃源岩沉积模式。第四章剖析了不同源汇沉积体系控制的煤系岩石学和地球化学特征时空分布的差异。第五章阐明了华北晚古生代盆地中部煤系沉积期古环境与古气候演化过程。在华北晚古生代盆地中部形成了南北分异的古环境与古气候分布格局,总体上形成了南部以低能、弱氧化-弱还原至还原、高盐度咸水的水体环境和温暖湿润的气候条件;北部以高能、弱氧化至氧化、较低盐度半咸水-淡水的水体环境和干燥炎热的气候条件的分布特征。第六章揭示了盆地晚古生代以来的构造热演化进程及动力学机制。鄂尔多斯盆地东缘煤系构造热演化程度呈南强北弱的分布趋势,中段局部受到燕山期紫金山地区岩浆活动的改造;沁水盆地全区煤系烃源岩先后经历了深成变质作用和岩浆热变质作用,岩石圈深部构造热活动引发的早白垩世岩浆作用加快了煤系有机质成熟过程。华北区域中新生代岩浆热效应是壳幔相互作用的直接证据,并控制了燕山期煤系烃源岩演化的进程;华北晚古生代盆地差异演化是板块作用和壳幔作用综合控制的结果。第七章查明了盆地沉积与构造热作用对有机质富集生烃的控制机理。海陆交互相沉积过程中较低的水动力强度、弱还原至还原的水体环境、较高的古盐度指示的咸水环境,皆有利于有机质的富集与保存;而干燥炎热的气候条件却抑制了沉积有机质的来源。华北中部多期构造-岩浆热活动对煤系烃源岩的生烃和排烃起到了重要作用——海西期奠定了煤系沉积与烃源岩有机质富集的基础,印支-燕山早期控制了烃源岩的最大埋藏深度和深成变质程度并使得有机质达到生油晚期阶段,燕山期岩浆热活动促进了煤系有机质快速生烃以至达到干气生成阶段。第八章建立了盆地差异演化的有机质富集及生烃模式。盆地晚古生代以来,古构造、古环境和古气候的差异演化形成了以鄂尔多斯盆地东缘为代表的"南高北低"的有机质富集模式和以沁水盆地为代表的"南北均衡"的有机质富集模式;盆地中部沉积、构造及岩浆热事件是由岩石圈及其深部构造热演化控制的,形成了以鄂尔多斯盆地东缘为代表的单一热源主控热变质模型和以沁水盆地为代表的多热源叠加热变质模型。

本书为一部系统介绍华北晚古生代盆地中部沉积与构造热演化及油气生成效应的学术专著,对于华北地区上古生界油气资源的勘探开发有着积极的参考意义。

由于水平有限,书中难免有不当之处,在此诚请本书的读者提出宝贵的意见。同时,本书的撰写过程中参考了大量已经发表的文献,有些未能一一标注,在此一并表示衷心的感谢!

著　者

2023 年 9 月

目　录

第1章 绪 论

1.1 盆地演化研究背景与意义

    沉积盆地的沉积与构造热演化过程分析是盆地动力学研究的关键基础，也是近年来构造地质和油气地质研究的前沿领域（胡圣标 等,1995;邱楠生 等,2019）。沉积盆地内蕴藏着丰富的油气、煤炭、地热等能源矿产资源，而盆地演化控制着大量重要的反应，如石油的生成、煤的形成演化、不稳定矿物向稳定矿物的转化等（任战利,1998）。所有这些反应都是不可逆的，并且取决于形成和演化的地质环境，特别是沉积过程的物源富集程度和构造热演化过程中所经历的最高古温度（Tissot et al.,1974）。因此，盆地沉积、构造热演化不仅直接控制有机质的富集、烃源岩的成熟和油气的生成与聚集，而且在大陆动力学、盆地动力学恢复方面日趋重要（Barker,1996）。

    近年来，随着非常规能源的兴起，以页岩气、煤层气和致密砂岩气为代表的化石能源引起了石油地质学家的重视。在北美非常规油气勘探开发热潮的带动下，我国在沉积盆地非常规油气开采中取得了较大的突破，在鄂尔多斯盆地、沁水盆地及四川盆地等非常规储层中获得了工业气流（张金川 等,2004,2021;琚宜文 等,2011;董大忠 等,2009;姚艳斌 等,2010;Chen et al.,2011;Ju et al.,2017）。截至目前，我国各项有关非常规储层的研究正在如火如荼地进行，其中在中国北方以煤系储层为主，在中国南方以页岩储层为主（姚艳斌 等,2007;张金川 等,2009;戴金星,2009;秦勇 等,2012,曹代勇 等,2014）。而对非常规油气资源地质条件的认识长期以来都是制约资源评价与开采的关键，这就需要对盆地的沉积埋藏、构造演化、热演化等系列地质事件进行综合的全面认识。盆地沉积过程的古环境、古气候直接决定有机质的来源与丰度，是烃源岩形成的先决条件和烃类生成的物质基础;构造演化对烃源岩成熟进程及后期改造有明显的控制,其直接影响生烃、排烃过程与油气聚集规律;埋藏史反演是盆地分析的基础工作和油气评价的重要内容,还可以作为定量或半定量地划分盆地构造演化阶段或期次的参数之一(Hantschel et al.,2009;薛志文,2019;邱楠生 等,2020);伴随盆地演化的岩浆活动等地质作用直接影响着地层温度,决定盆地的热体制及热演化史以及烃源岩的成熟生烃进程;对盆地生烃史的研究是在埋藏史和热史的基础上进行的,其作用既可以用于估算资源量,又可以对排烃史和运移聚集史的模拟提供烃类演化环境,是揭示盆地演化和有机质富集生烃关系的直接手段。

华北地区长期以来是我国重要能源基地,有着丰富的油气、煤炭资源。晚古生代以来,华北克拉通经历了复杂的构造演化,克拉通盆地分异演化形成了许多陆内沉积盆地(Meng et al.,2019);华北克拉通不同区域的沉积盆地在构造演化、地层特征和油气资源配置方面存在显著差异(赵重远 等,1990;王同和 等,1999;王桂梁 等,2007);华北克拉通晚古生代沉积盆地经长期的构造与沉积分异演化形成了鄂尔多斯盆地、沁水盆地和南华北盆地等。鄂尔多斯盆地位于克拉通西部,经历了相对稳定的构造演化过程,具有丰富的油气资源(任战利,1998;丁超,2010;Qi et al.,2020)。位于华北克拉通中部的沁水盆地,处于克拉通破坏的过渡区,受到克拉通破坏带来的岩浆热效应及基底构造的影响,赋存大量的煤炭及煤层气资源(任战利 等,1999;赵冬 等,2015;Yu et al.,2020)。南华北盆地位于克拉通南部、秦岭-大别造山带的前陆区域,经历了多期次的板块间相互作用,煤炭、煤层气与页岩气资源发展前景良好(胡圣标 等,2005;武昱东 等,2009;Dang et al.,2016;余坤 等,2018;Ju et al.,2018)。综上,以上典型沉积盆地在晚古生代属于华北克拉通的不同区域的同一沉积体系,而后经历了中新生代盆地沉积构造分异演化过程,形成了各自相对独立的盆地系统,受到了差异构造热事件的影响,因而形成了不同的煤系有机质富集生烃模式。因此,华北晚古生代典型盆地能够作为盆地沉积、构造热演化与煤系有机质富集生烃机理研究的天然实验室。

基于此,本书以华北中部鄂尔多斯盆地东缘和沁水盆地为研究对象,根据不同构造位置的沉积盆地差异演化过程,采用构造地质学、沉积学、岩石学、元素地球化学等理论与盆地模拟技术,探讨盆地沉积、构造热演化历史,进而分析煤系有机质富集、成熟与生烃机理。本次工作重点解决以下几个问题:① 晚古生代煤系沉积期古环境与古气候演化;② 沉积盆地构造热演化及其动力学机制;③ 盆地沉积与构造热演化对有机质富集与生烃的影响;④ 盆地差异演化的煤系有机质富集与生烃模式。本次研究成果能够为华北晚古生代盆地中部沉积与构造热演化及其油气效应等基础地质问题做一个全面的分析总结,同时为石炭-二叠系油气资源预测与评价提供地质理论指导,以及为油气开采有利区的选取提供科学依据。

1.2　盆地古环境与古气候研究进展

沉积盆地是指地球表面被沉积物质和水载荷所充填的构造沉陷区。沉积盆地作为全球构造的主要单元之一,其生命周期受全球板块构造及其演化的控制。根据板块运动学理论,在威尔逊旋回中,从大陆的分裂、海洋盆地的开放到闭合,再到碰撞造山运动,都可以产生各种原型盆地。地质历史时期,在沉积盆地内部,古环境、古气候的演化直接影响着各种生物的活动,进而决定盆地中有机质的来源、类型和丰度,是控制烃源岩形成和油气生成聚集的最直接条件。不同的沉积体系具有不同的物理和化学环境,形成不同的有机质演化路径,进而影响烃源岩的质量和生烃潜力。前人对华北晚古生代沉积环境的研究均涉及了鄂尔多斯盆地和沁水盆地,主要应用了沉积学、岩石学、古生物学、元素地球化学等方法进行定性及定量化分析。

对于鄂尔多斯盆地晚古生代沉积演化的研究多集中于盆地的东缘,这也是国家"十三五"科技重大专项中煤系非常规天然气(致密气、煤层气、页岩气)开采的示范区。近年来,一些学者通过沉积地球化学的手段,厘定了该区域的沉积相,划分了沉积演化阶段以及典型沉积相的发育机理。例如,孙彩蓉(2017)借助沉积岩石学、地球化学手段,开展了沉积相的定性及定量化分析,建立了研究区的沉积层序格架,指出太原早期主要为海相沉积,太原晚期海陆过渡相沉积明显,而到山西期主要以过渡相三角洲沉积为主。

沁水盆地长期以来都是我国煤炭及煤层气资源的重要基地,对其晚古生代煤系沉积层序格架的精细化研究是认识能源赋存的关键。邵龙义等(2006)通过高分辨率层序地层研究,认为沁水盆地在太原期为浅海陆棚-潟湖沉积体系,山西期为三角洲平原沉积体系,这两种不同的沉积体系决定了煤系的厚度变化。徐振勇等(2007)对沁水盆地野外露头、钻井等资料进行分析,得出碳酸盐岩台地、浅海陆棚及三角洲相是晚古生代典型的沉积相类型。Xu等(2013)通过对沁水盆地煤和泥岩的C、N同位素与岩相耦合研究,指出晚石炭世研究区发生海侵事件,海平面上升导致了更多陆地植物的掩埋,从而降低了光合作用,增加了大气中的二氧化碳浓度。

位于华北克拉通南部的南华北盆地,在晚古生代经历了频繁的海侵和海退事件,在煤系层序地层格架上出现了明显的旋回性。两淮地区的沉积岩石学研究结果表明太原组海水进退频繁,形成了陆表海和碎屑海岸的沉积体系,而山西组层序稳定,其沉积相以三角洲平原为主。同时,该区晚古生代煤系元素地球化学与矿物成分研究结果表明,山西组为三角洲相沉积体系,而太原组形成于浅海陆棚的沉积环境(陈善成,2016)。高德燚等(2017)通过页岩微量元素组成分析,发现淮南地区山西早期为温暖湿润的气候条件、水体为弱氧化-还原环境。Yu 等(2020)运用微量元素地球化学指标分析了淮南地区古水动力条件、氧化还原条件、古盐度和古气候特征,指出太原期为温暖湿润的海相环境,而到山西末期演变为相对干旱炎热的过渡相环境。

总体上,在煤系沉积环境演化的研究中,岩石学和元素地球化学手段是认识古环境与古气候变迁的有效手段。沉积相分析构建了煤系沉积期整体的沉积环境变迁序列,而主微量元素含量及其比值与环境及气候的改变密切相关,它们作为有效的判别指示参数能够很好地记录这一地质过程。然而对于煤系古环境与古气候的研究大多集中于盆地局限地区,对于同一时期不同盆地的对比研究仍相对匮乏。

1.3　盆地构造热演化研究进展

沉积盆地作为地球系统中的一个基本地质单元,其形成和演化主要受板块构造和地球动力学控制,而盆地构造热演化分析是认识沉积盆地的主要方法之一,其在沉积盆地油气勘探中发挥着重要的作用。沉积盆地的构造热状态主要受埋藏深度、岩浆等热流体活动,地热场变化和岩石圈热结构等控制(Morgan,1984)。构造热事件是指在某一地质时期,岩石圈变薄和岩浆活动导致热流值迅速增加、地温梯度异常高的地质过程(He et al.,2004;Qiu et al.,2007;任战利 等,2007;Michaut et al.,2009)。这一地质过程往往能够导致烃源岩的快速成熟生烃,并获得较高的热成熟度。因此,沉积盆地的构造热演化控制着大量重要的反应,如油气的生成、煤级的演化、矿物的转化等。所有这些反应都是不可逆的,并且取决于温度和时间,特别是在热演化过程中所达到的最高古温度(Tissot et al.,1974)。沉积盆地作为油气生成与赋存的主要地质单元,盆地形成与演化过程中的地质环境对油气生成、运移和聚集有着重要的控制作用。因此,从油气资源勘探开发的角度来看,对沉积盆地精细化的模拟与分析至关重要。盆地模拟中的"四史",主要包括埋藏史、构造史、热演化史和生烃史。对于"四史"的研究,通常采用正演和反演的方法在建立的盆地模型基础上进行相互校正,得到定性及定量化的结果。

Allen 等(2013)开展了对盆地分析的系列研究,提出了盆地分析的准则和应用,阐明了盆地构造热演化模拟在含油气沉积盆地中的重要性。Miall (2000)详细介绍了盆地分析中的热演化史模型建立准则和方法,明确了镜质体反射率、古流体包裹体、裂变径迹等古温标方法的应用范围和可靠程度。同时,在国内以赵重远、胡圣标、邱楠生、任战利等为代表的学者,对我国华北晚古生代沉积盆地做了大量的研究工作,强调了盆地构造热演化的研究机理以及其对油气资源勘探开发的指导作用。

华北板块在构造位置上处于太平洋构造域、古亚洲构造域及特提斯构造域活动影响的复合部位,是我国油气、煤炭等多种矿产共同富集的重要能源基地。受板块构造活动的影响,华北克拉通在白垩纪早期已发生破坏(Trap et al.,2008;朱日祥 等,2011;吴福元 等,2008;Kusky et al.,2016),其记录了太平洋板块俯冲和岩石圈减薄相关的构造热事件的丰富信息(Qiu et al., 2014;He et al.,2015;郑建平 等,2007)。前人研究成果表明,华北东部地区岩石圈减薄明显,导致新生代裂谷盆地(渤海湾盆地)经历了强烈的构造热事件(Zuo et al.,2011;Chang et al.,2018);而位于华北中部的沁水盆地和鄂尔多斯盆地东缘的岩石圈减薄程度长期以来存在争议,导致对其中生代以来的构造热演化机制认识尚不清晰(He et al.,2014;邱楠生 等,2015)。因此,重建影响烃源岩成熟生烃的构造热演化机制是评价华北地区上古生界油气资源的关键,也能为进一步揭示华北晚古生代盆地构造热事件和壳幔作用及板块构造作用之间的关系提供地质理论基础。

1.4 煤系有机质富集生烃研究进展

煤系烃源岩,即含煤地层中富有机质的沉积岩,主要包括富有机质砂岩、泥岩、页岩及煤岩。而泥岩、页岩和煤是煤系烃源岩的主要研究对象。前人研究结果表明,晚古生代沉积有机质主要来源于浮游生物和植物以及其代谢产生的分泌排泄物,而后经过搬运作用进入沉积体系,参与沉积、埋藏、成岩等地质作用(杨起 等,1979)。缺氧滞留还原的水体环境是沉积有机质富集和保存的重要条件,此外有机质的丰度也受古气候、古生产力、沉积速率等地质因素影响。以四川盆地早古生代富有机质页岩为代表的沉积体系表明,浮游生物即使初级生产力很低,但缺氧还原环境下仍然能够形成有机碳(TOC)含量高的烃源岩。但关于沉积有机质富集的主控因素是初级生产力还是缺氧的还原环境仍然存在争议(Pedersen et al.，1990；Demaison et al.，1980)。不同的气候条件影响着生物活动强度,温暖湿润的气候有利于浮游生物和植物的生长,能够为有机质富集提供更多的物源,同时也有助于浮游微生物的繁殖,促进缺氧还原性水体环境的形成(Algeo et al.，2006)。此外沉积速率也决定着有机质的富集程度,适中的速率有利于富有机质沉积岩的形成,而过高或者过低的速率都不利于沉积有机质的保存。

对于华北中部鄂尔多斯盆地和沁水盆地晚古生代的有机质来源与富集模式研究相对较少。以付金华等为代表的学者对鄂尔多斯盆地中部三叠系延长组沉积有机质物源与沉积环境的认识做了一定的研究工作(付金华 等,2005,2018),而对于盆地东部晚古生代的研究相对匮乏。Li 等(2019)通过对鄂尔多斯盆地东缘晚古生代煤系矿物组成、主微量元素和有机地球化学分析,认为从太原组至下石盒子沉积水体由滞留还原环境逐渐演化为氧化环境,导致有机质丰度在垂向上呈降低趋势。Qi 等(2020)以临兴区块为例,利用有机地球化学等手段,证实了煤系页岩的有机质来源为海陆混合型,但以陆相有机质的输入为主。魏书宏等(2017)认为沁水盆地中部煤系有机质丰度高,且具有一定的连续性,指出沉积环境是控制富有机质页岩连续分布的重要因素。朱晓明(2017)调查了沁水盆地煤系富有机质页岩空间展布规律,表明沉积相变对页岩质量及生烃潜力的重要影响。胡宝林等(2017)利用矿物岩石学、古生物学及地球化学指标,讨论了淮南煤田二叠纪沉积相变与烃源岩的关系,指出有机质丰度受沉积亚相、微相共同控制。刘会虎等(2015)结合淮南地区煤系有机岩石学与有机地球化学资料,分析了太原组、山西组有机质差异富集特征,划分了页岩气有利勘探层位。高德燚等(2017)认为淮南地区有机质原始堆积决定了山西组泥页岩的有机质丰度,同时弱氧化-还原环境为有机质保存奠定了有利基础。

煤系气是由煤系有机质成熟生烃而形成的一种自生自储的非常规天然气,主要以吸附态赋存于煤系孔隙内表面(傅雪海 等,2007;秦勇,2018)。近年来,对于煤系有机质的成熟生烃模式,国内外学者做了大量的研究工作。国际上北美对煤层气地质研究开展较早,先后提出了"北美西部落基山脉高产走廊的煤层气成藏模式"(Flores,1998)和"生物型或次生煤层气成藏生烃理论"(Scott et al.，1994)。国内学者对于有机质生烃模式研究多集中于华北地区的过渡相石炭-二叠系层位和华南地区的海相页岩层位。邹艳荣等(1999)依据系列成熟度煤岩动力学结果,提出了煤的二次动力学生烃模式,指出了华北地区晚古生代煤岩二次生烃的阶段性特征。肖贤明等(1996)结合中国主要聚煤盆地煤系烃源岩的有机地球化学参数研究,建立了煤系的四种主要生烃模式。李贤庆等(1997)依据新疆三塘湖盆地烃源岩显微组分,初步提出了煤成油生烃模式。程克明等(2005)基于华北煤系太原组和山西组的沉积模式,讨论了不同沉积体系与有机质生烃的关系,指出了海侵体系域成煤环境可形成最有利的生烃层系。沃玉进等(2007)指出了在中国南方海相页岩层位不同层系的烃源岩生烃演化进程的差异性,据此提出了连续生烃模式、二次生烃模式和晚期生烃模式等三种有机质生烃类型。刘得光等(2020)通过烃源岩有机地球化学分析数据和热模拟实验,分析了准噶尔盆地下二叠统烃源岩的生烃潜力,并建立了生烃模式。

前人对有机质生烃模式的研究大多采用有机岩石学和有机地球化学参数相结合的手段,并提出了基于沉积体系划分的生烃模式。这些模式能够为本书研究的生烃模式提供良好的参考依据。因而,依据沉积和构造热两大主要地质因素,同时结合有机质的有机地球化学参数,能够构建更为全面的煤系有机质生烃模式。

1.5　存在的科学问题

针对华北晚古生代盆地中部分异演化背景下,沉积与构造热演化过程及其对煤系有机质来源、富集、成熟、生烃的控制机理认识,仍有以下系列科学问题需要解决:

① 针对华北晚古生代盆地的沉积环境演化的研究已取得一定的进展,但对于盆地沉积环境分异演化的对比分析研究成果较匮乏,这很大程度上制约着华北中部盆地沉积环境演化的整体综合分析。如何将华北晚古生代盆地背景下的煤系矿物岩石学与元素地球化学特征相结合进行对比研究,值得进一步深入讨论。

② 有关华北中部盆地构造热演化的研究,大多集中于盆地内部某一区块的分析,而对于盆地不同构造部位的热演化进程的讨论尚不充分,使得对构造热控气规律认识不足。同时,华北晚古生代盆地中部分异演化作用的动力学机制尚不清晰。对于华北中部盆地的沉积与构造分异演化的认识需要和中新生代华北板块经历的板块作用和壳幔作用结合起来,以厘定盆地分异的动力学机制。

③ 盆地沉积演化过程中,有机质的来源和富集程度存在明显的差异。而对于这一研究前人多局限于对盆地的某一区域的有机质来源和丰度的研究,

少有涉及盆地分异演化过程中沉积环境变迁背景下对有机质聚集与保存的影响。这一关于盆地差异沉积演化背景下的有机质富集模式的关键科学问题有待解决。

④ 盆地差异构造热演化导致不同的烃源岩成熟过程及生烃机理。华北晚古生代沉积盆地不同的构造位置经历了不同的构造热事件（如构造抬升剥蚀、岩浆活动等），形成独特的盆地热演化进程，进而发育了差异的有机质生烃模式，然而对于构造热与生烃之间的作用机制有待明确。

解决以上问题，能够丰富对沉积盆地中优质烃源岩形成地质条件的认识，构建全面的盆地差异沉积与构造热演化对煤系有机质富集保存模式和生烃模式，为沉积盆地中油气资源评价及油气开采有利区的选取提供理论依据。

第 2 章　区域地质特征与样品采集

华北板块是东亚大陆的主要构造单元,其变质基底形成经历了约 1 800 Ma(翟明国 等,2007),基底盖层沉积序列由元古代晚期至古生代的陆表浅海相碎屑岩和碳酸盐岩组成(杨起 等,1979)。晚古元古代至古生代,华北克拉通表现为一个稳定的克拉通,岩浆活动和变形较弱,克拉通盆地整体上稳定接受海相-海陆过渡相沉积(陈世悦 等,1995;Meng et al.,2019)。中新生代,华北克拉通盆地经历了沉积分异、造山带隆起、岩浆活动等一系列地质活动(琚宜文 等,2010,2011)。盆地的形成与演化受控于板块间构造作用与板内构造活动的影响,煤系沉积时期华北板块受扬子板块和西伯利亚板块南北向挤压构造控制。总体上,华北克拉通盆地晚古生代以陆表海沉积充填为主,频繁的海侵海退事件和旋回变化的岩相古地理是石炭-二叠系含煤地层的代表特征(桑树勋 等,2001)。

2.1　区域构造背景

华北克拉通是由古老结晶基底所形成的稳定克拉通,是东亚大陆的重要组成单元。由于华北克拉通盆地自晚古生代以来经历了多期的构造运动,盆地内部的物质组成与结构构造发生了不同程度的改造重建,表现出差异的沉积演化、复杂的构造组合、频繁的岩浆作用,而没有像美洲、澳大利亚、俄罗斯等克拉通的自新太古代晚期以来的稳定性及其相关特征(琚宜文 等,2014)。自古生代以来,华北板块一直处于不同构造动力体系的复合交汇部位。古生代及以前,华北板块经历了冈瓦纳、劳亚以及古太平洋板块的分离及拼合阶段,而中新生代,其位于欧亚板块、印澳板块、太平洋板块三大构造体系交汇区。在华北板块的西南方向,受新生代印亚板块的俯冲碰撞作用,导致了喜马拉雅造山带形成和青藏高原的隆起。在华北板块的东部,受西太平洋板块及菲律宾板块向东亚大陆持续俯冲,形成了西太平洋活动大陆边缘地带。同时,位于华北板块北部的西伯利亚板块自中新生代长期进行向南的挤压运动,使得华北板块遭受了持续的陆内挤压作用(张国伟 等,2002)。华北板块在上述三大构造动力体系的联合影响下,呈现出沉积盆地的迁移演化、板内造山带的隆起,以及中新生代岩浆活动的广泛分布,如图2-1所示。

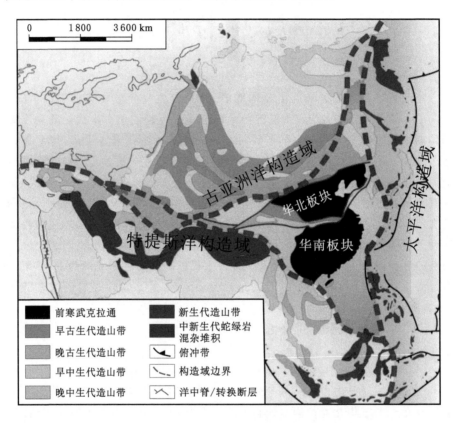

图 2-1　华北板块的构造位置与三大构造动力体系的关系
(修改自李三忠等,2011)

根据张国伟等(2002)的研究资料,控制华北板块沉积构造演化的三大构造体系域为特提斯构造域、太平洋构造域和环西伯利亚构造域。特提斯构造域,一般是指我国西南和中部,自中新生代以来印度板块与欧亚板块汇聚俯冲碰撞所造成的构造及其分布区域的总称。即以喜马拉雅造山带和青藏高原为中心,包括其外围受影响的地区。喜马拉雅-青藏构造系由四条缝合带划分为可可西里-巴颜喀拉变形区、羌塘-昌都变形区、冈底斯-念青唐古拉变形区及印度板块北缘等几个块体。青藏高原整体向北挤压,地壳大规模缩短叠置和其相邻地区向东南方向的挤压、长距离的滑移,造成红河断裂的左旋和中国华北、东北的引张裂陷作用。虽然有人对 Molnar 等(1977)的滑移线场理论提出了一些质疑,但板内远距离的蠕散效应和大面积的影响还是被广泛接受。太平洋构造体系域,指中国大陆与海区受太平洋板块(包括菲律宾板块)北西向欧亚大陆俯冲作用所控制与涉及的地区。从东部的板块海沟俯冲带、岛弧链、弧后边缘海到大陆边界带,一直波及青藏高原以东的南北构造带以东地区。从其中新生代以来大地构造演化及其动力学成因看,该地区属于滨太平洋构造体系域。中新生代以来,在西太平洋活动大陆边缘的板块俯冲作用下,华北板块以东的日本及中国台湾地区形成系列的沟-弧-盆体系和大型隆起抬升区与坳陷沉降区,同时在板块内部的渤海湾地区形成了自东向西减弱的新生代岩浆作用。环西伯利亚构造体系域,是古亚洲构造体系域的一部分,指华北环绕西伯利亚板块南侧的中新生代陆内构造体系域。中新生代以来受西伯利亚板块向南的挤压运动,华北板块的北部环西伯利亚板块呈弧形分布的构造带,奠定了华北板块北部造山带与小型盆地相间弧形分布的地质格局。而这一构造带继承了古亚洲构造域前期形成构造基底,在中新生代发展为环西伯利亚系列近东西弧形分布的山脉、高原、含煤盆地、推覆体系及变质核杂岩等地质单元或构造(任纪瞬 等,1980)。

中新生代以来,华北晚古生代沉积盆地经历了多期次的构造活动,原始的华北克拉通盆地被重新改造,形成了现今的分布格局,即位于西部的鄂尔多斯盆地、中部的沁水盆地、南部的南华北盆地以及东部的渤海湾盆地。由于渤海湾盆地为新生代裂谷盆地,且上古生界地层经历强烈的后期改造,因此本书中不再讨论。这些沉积盆地被阴山-燕山造山带、贺兰山、吕梁山、太行山、秦岭-大别造山带和郯庐断裂带所围限。鄂尔多斯盆地位于西部稳定弱变形区,盆地东缘的晚古生代煤系保存完整,大型的褶皱断裂不发育,总体为向西缓倾的单斜,构造较为简单。但局部有岩浆活动,这可能受早白垩世华北克拉通破坏的影响。沁水盆地位于中部过渡变形区,被太行山与吕梁山所围限。中生代晚期,盆地属太平洋板块俯冲作用影响的前缘,新生代受到印亚板块碰撞的远程效应的影响。因此,区内含煤地层构造变形适中,宽缓褶皱和中小型断裂带发育,伴有一定的岩浆活动。南华北盆地位于华北板块南缘挤压变形区,被东侧郯庐断裂带所围限,含煤地层经历强烈的构造活动、变形程度高,区内逆冲推覆构造是其主要特征。事实上,这些逆冲推覆构造与秦岭-大别造山带的构造活动有关,反映了造山带对板内构造变形的影响。

2.2 区域沉积特征

古生代早期,华北克拉通在古元古代基底的基础上开始广泛沉积海相地层,形成了寒武系至早中奥陶系广泛的海相碳酸盐岩沉积建造,而在中奥陶世晚期至早石炭世华北板块在周围板块汇聚作用下,开始了整体抬升的垂向运动,经历了长达约 150 Ma 的风化剥蚀,在整个华北地区形成一套明显的铝质风化壳,形成了准平原化的古地貌(陈世悦 等,1995)。此后,古特提斯洋再度打开,使得华北板块与北侧的西伯利亚板块和南侧的扬子板块挤压应力释放,进入应力松弛状态,华北板块开始下沉,进入陆表海沉积期,在奥陶系风化壳上形成晚石炭统本溪组地层。此后,华北克拉通盆地进入了晚古生代含煤地层的沉积充填阶段。

华北晚古生代煤系沉积建造是在浅海相沉积环境向陆相沉积环境转换的背景下完成的。晚石炭世,海平面开始上升,华北地区发生了广泛的海侵,沉积物在基底地形的基础上开始充填。此后,华北地区整体呈现为陆表海沉积向海陆过渡相三角洲沉积的演化,海水进退频繁。整个煤系沉积期可划分为两个阶段:第一阶段是太原组沉积期的陆表海沉积阶段,主要发育障壁海岸-碳酸盐潮坪沉积体系。这一阶段,潟湖潮坪为主要的有机质聚集环境,但受基底地形影响,泥炭坪的范围较小,分布较离散,连续性差。第二阶段是山西组沉积期的过渡相三角洲沉积阶段,华北地区主要发育三角洲前缘、三角洲平原相。早二叠世早期,海平面下降,华北地区山西组发育三角洲前缘沉积相,远砂坝、河口砂坝、水下分流河道、水下天然堤及分流间湾微相共生(吕大炜,2009;余坤 等,2018)。此刻整个华北克拉通盆地沉积表现出明显的南北分异特征,位于北部的沁水盆地和鄂尔多斯盆地表现为陆相河流三角洲沉积体系,而位于南部的南华北盆地仍以过渡相三角洲沉积体系为主。南华北盆地山西期三角洲前缘沉积过程中受到频繁的海侵作用影响,过渡相三角洲在破坏中不断进积,而华北北部海侵作用明显减弱。早二叠世末期,华北地区发生大规模海退,河流作用逐渐取代了海水作用的影响,下石盒子组发育三角洲平原沉积体系,分流河道、天然堤、泥炭沼泽及分流间洼地微相共生,华北地区由北至南相继进入陆相三角洲充填阶段。

晚古生代,华北克拉通盆地沉积环境相继经历了海相、过渡相、陆相沉积,在沉积建造中,障壁海岸-碳酸盐潮坪沉积体系、海陆过渡相-河控三角洲体系交互递进。沉积演化进程在华北南部和华北北部出现了明显的时空分异。华北克拉通晚古生代煤系沉积期总体上是在过渡相沉积体系中形成的,而鄂尔多斯盆地东缘和沁水盆地都是在泥炭坪沉积微相中发育的含煤建造(图 2-2)。

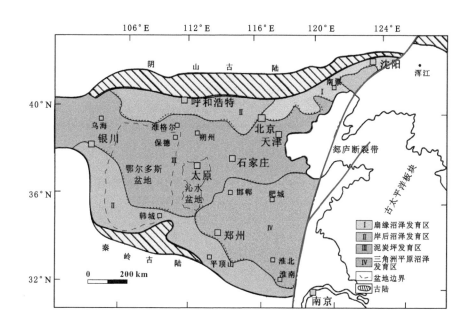

图 2-2　华北晚古生代盆地煤系沉积环境分布图

(修改自桑树勋等,2001)

华北克拉通盆地沉积地层自下而上在基底上发育了中上元古界、古生界和中生界和新生界沉积盖层,与基底呈角度不整合接触。研究区内主要发育有前寒武系、下古生界寒武系和奥陶系、上古生界石炭系和二叠系、中生界三叠系和侏罗系以及新生界古近、新近系和第四系地层。石炭-二叠纪煤系层位为本溪组、太原组、山西组、下石盒子组、上石盒子组,而太原组和山西组是本次研究的目标层位(表 2-1)。晚古生代含煤地层主要为海陆过渡相沉积体系,太原组广泛发育石灰岩、泥岩及页岩,而山西组以泥岩、页岩和砂岩沉积为主。

表 2-1　华北克拉通盆地地层简表(以沁水盆地为例)

界	系	统	组	段	符号	厚度/m $\dfrac{(最小\sim最大)}{一般}$	岩性描述
新生界	第四系				Q	0~330	砾石,黄土及砂层。在左权县羊角一带有玄武岩
	新近系				N	5~263	棕红色黏土,底部为底砾岩。在榆社、武乡一带有粉砂土、黏土夹薄层泥灰岩
中生界	三叠系	上统	延长组		T_3y	$\dfrac{30\sim138}{50}$	浅肉红、灰绿色中厚中细粒石英砂岩、粉砂岩、页岩夹淡水灰岩
		中统	铜川组	二段	T_2t^2	272~433	上部紫色砂质泥岩、泥岩夹中细粒长石砂岩,中部浅肉红色、灰紫色、灰红色厚层中细粒长石砂岩,下部灰紫、灰绿色砂质泥岩、页岩夹砂岩
				一段	T_2t^1	124~158	浅肉红、灰黄色斑状厚层中粒长石砂岩,局部夹灰绿、灰紫色砂质泥岩
			二马营组	三段	T_2er^3	94~196	上部紫红色泥岩、砂质泥岩夹白色斑状中细粒长石砂岩,下部灰绿色中细粒长石砂岩夹紫红色泥岩
				二段	T_2er^2	180~388	上部紫红色砂质泥岩夹浅灰绿、灰绿色中薄层斑状中粗粒长石砂岩,下部浅灰绿中细粒长石砂岩夹紫红色泥岩
				一段	T_2er^1	193~327	灰绿色厚-中薄层中细粒长石砂岩夹紫红色泥岩及灰绿色泥岩
		下统	和尚沟组		T_1h	$\dfrac{131\sim474}{250}$	灰紫色薄-中层状细粒长石砂岩夹紫红色泥岩
			刘家沟组		T_1l	$\dfrac{115\sim597}{400}$	浅灰、紫红色薄-中层细粒长石砂岩夹紫红色页岩、细砂岩及砾岩,在细砂岩中夹磁铁矿条带

表 2-1(续)

界	系	统	组	段	符号	厚度/m $\dfrac{(最小\sim最大)}{一般}$	岩性描述
古生界	二叠系	上统	石千峰组		P_2sh	$\dfrac{22\sim217}{150}$	黄绿色厚层状长石砂岩与紫红色泥岩互层,顶部有淡水灰岩
			上石盒子组	上段	P_2s^3	$\dfrac{17\sim236}{140}$	黄绿、灰紫色砂岩、粉砂岩互层夹燧石层
				中段	P_2s^2	$\dfrac{18\sim216}{160}$	灰绿色薄层状中粗石英砂岩与黄绿紫红色粉砂岩互层
				下段	P_2s^1	$\dfrac{88\sim224}{140}$	杏黄色中粗粒石英砂岩夹紫色粉砂岩
		下统	下石盒子组		P_1x	$\dfrac{44\sim124}{65}$	黄绿、杏黄色泥岩、粉砂岩及砂岩,近顶部有透镜状锰铁矿,底部有薄煤
			山西组		P_1s	$\dfrac{35\sim72}{60}$	灰白、灰绿色石英砂岩、粉砂岩、泥岩、煤层
	石炭系	上统	太原组		C_3t	$\dfrac{82\sim147}{90}$	灰白、灰色薄层状中细粒石英砂岩、粉砂岩、页岩及灰岩煤层
		中统	本溪组		C_2b	$\dfrac{0\sim35}{20}$	杂色铁铝岩及灰白、灰色黏土岩,底部有山西式铁矿
	奥陶系	中统	峰峰组		O_2f	$\dfrac{0\sim176}{120}$	中层状豹皮状灰岩及灰白、灰黄色薄层状白云质灰岩夹灰黑色中层状灰岩
			上马家沟组		O_2s	$\dfrac{170\sim308}{230}$	顶部为白云泥灰岩夹泥质灰岩,中上部为灰黑色中厚豹皮状灰岩夹泥岩,下部为泥灰岩、角砾状泥灰岩
			下马家沟组		O_2x	$\dfrac{37\sim213}{120}$	青灰色中厚-巨厚灰岩,下部为角砾状泥灰岩,底部为浅灰、黄绿色钙质页岩
		下统			O_1	$\dfrac{64\sim209}{130}$	浅灰色中厚-巨厚层状白云岩,含燧石条带及结核白云岩,下部泥质白云岩夹竹叶状白云岩

表 2-1(续)

界	系	统	组	段	符号	厚度/m (最小~最大) 一般	岩性描述
古生界	寒武系	上统	凤山组		$\in_3 f$	$\dfrac{38\sim109}{90}$	厚层状结晶白云岩,竹叶状白云岩,鲕状白云岩偶尔含燧石
			长山组		$\in_3 c$	$\dfrac{6\sim35}{20}$	灰色中厚层叶状灰岩夹薄绿色页岩,泥质白云岩,竹叶状白云岩
			崮山组		$\in_3 g$	$\dfrac{15\sim42}{35}$	薄层泥质条带灰岩、竹叶状灰岩、黄绿色页岩互层,泥质条带白云质灰岩、鲕状灰岩
		中统	张夏组		$\in_2 z$	$\dfrac{65\sim244}{160}$	灰青色中厚层状鲕状灰岩、白云质鲕状灰岩,底部薄层灰岩、泥质条带灰岩、页岩
			徐庄组		$\in_2 x$	$\dfrac{32\sim169}{130}$	鲕状灰岩、泥质条带灰岩、灰岩互层,中下部猪肝色页岩夹薄层细砂岩、灰岩
		下统	毛庄组		$\in_1 mz$	$\dfrac{4.8\sim92}{60}$	紫红色页岩夹薄层灰岩、泥岩,顶部青色鲕状灰岩
			馒头组		$\in_1 m$	$\dfrac{35\sim86}{60}$	黄绿色页岩、泥灰岩,底部为黄色含砾砂岩
			辛集组		$\in_1 x$	$\dfrac{29\sim54}{40}$	上部为灰白色厚层白云岩夹致密灰岩,下部红色石英砂岩
上元古界	长城系	中统	串岭沟组		$Z_2 ch$	$\dfrac{217\sim591}{450}$	肉红色含砾砂岩、含海绿石石英岩状砂岩、灰绿色含钾长石页岩
			常州沟组		$Z_2 c$	$\dfrac{250\sim789}{630}$	砾岩、石英砂岩、长石砂岩及长石石英砂岩,局部夹紫红色泥岩
太古界			石家栏组		AZs	>507	黑云片岩、绿泥片岩、角闪片岩、黑云斜长片麻岩、角闪片麻岩,局部夹大理岩,混合岩化

2.3　盆地地质特征

　　基于华北晚古生代盆地分析的研究是认识盆地古环境与古气候演化,构造热演化及对石炭-二叠系有机质富集、保存、成熟、生烃作用机理的关键,也是本书的核心研究内容。华北晚古生代盆地中部受到一定程度的因中新生代挤压和伸展作用而产生的构造和岩浆热作用的影响,但没有华北克拉通东部因新生代为主的伸展作用而产生的构造和岩浆热活动那么强烈,华北晚古生代盆地中部的鄂尔多斯盆地东缘和沁水盆地煤系气藏得到了较好的富集与保存。因此,本节详细分析鄂尔多斯盆地和沁水盆地的盆地地质背景。

2.3.1　鄂尔多斯盆地

　　鄂尔多斯盆地位于华北克拉通的西部地块,同时也是太平洋板块俯冲带的西部边缘,是一个巨大的克拉通盆地,其自元古代以来经历了一个长期复杂的构造历史(Zhao et al.,2005;任战利 等,2007)。鄂尔多斯盆地东以吕梁山为界,西以贺兰山为界,北至蒙古构造缝合带,南至秦岭-大别造山带(图 2-3)。从中元古代到中奥陶世,浅海陆棚沉积物不断沉积在太古代-下元古代变质基底之上。从晚奥陶世到泥盆纪,盆地上出现了明显的沉积间断,这可能是由于中秦岭-祁连地块与华北板块之间的古生代碰撞所致(Zhang,1997)。晚石炭世以来,鄂尔多斯盆地随整个华北克拉通再次沉降,接受海陆过渡相碎屑沉积。这种稳定的大陆沉积作用直到晚三叠世才终止(王鸿祯,1985),当时华南板块沿着华北东缘和南边与华北板块碰撞,形成了大别-苏鲁超高压地体(Zhang,2012)。

　　从古生代地层的产状来看,鄂尔多斯盆地总体上是三叠纪华北-华南碰撞引起的岩石圈褶皱作用形成的岩石圈向斜(Zhang,2012),其特征是地震剖面所揭示的宽而缓的莫霍面褶皱(Yu et al.,2012)。因此,鄂尔多斯东部的沉积盖层呈平缓的西倾斜坡,伴随着中新生代三次显著的抬升-剥蚀事件,导致白垩纪以来约 150 Ma 的沉积间断,同时伴随着燕山期的紫金山岩浆岩侵入。鄂尔多斯盆地东缘横跨伊陕斜坡和晋西褶皱带,蕴藏着丰富的煤系天然气资源,已成为中国煤层气开采示范基地(图 2-3;曹代勇 等,2018;Ju et al.,2017),是一个南北走向的大型单斜构造。区域构造上,整个盆地东缘中小型断层及褶皱相对发育(Li et al.,2016;Ying et al.,2007)。沉积上,盆地东缘最有潜力的烃源岩是太原组和山西组煤系(图 2-3),它们在海陆过渡沉积环境

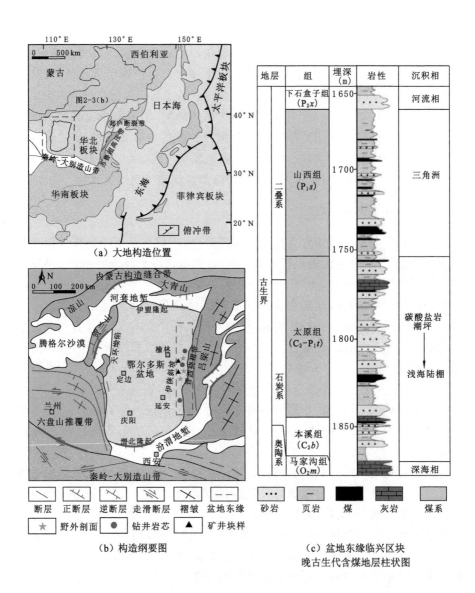

图 2-3　鄂尔多斯盆地构造位置及含煤地层图

(修改自 Kusky et al.,2007；Ju et al.,2017；Shen et al.,2017)

中发育(Xian et al.,2018;Yu et al.,2020)。盆地东缘中段太原组和山西组的煤层、富有机质页岩和泥岩埋深一般在 1 500～2 500 m 之间,但不同区域可能存在一定差异(图 2-3)。太原组沉积期主要为碳酸盐潮坪和前三角洲沉积体系,山西组形成于三角洲前缘和潟湖-海湾沉积环境中,河流相沉积广泛发育于上覆地层的下石河子组、上石盒子组和石千峰组(图 2-3)。因此,煤层、泥岩、页岩、砂岩为煤系气资源的生成、储存和盖层提供了有效的配置。

2.3.2　沁水盆地

沁水盆地位于华北克拉通中部过渡带(朱日祥 等,2011;朱晓青,2013),是在晚古生代基础上发展成的复向斜沉积盆地,具有丰富的煤和煤系气资源(Su et al.,2005;Wei et al.,2007)。沁水盆地整体呈 NNE 向展布,其东至太行山隆起,西至霍山隆起,北以五台山隆起为界,南被中条山隆起围限[图 2-4(a)]。沁水盆地先后经历了多期构造运动,其中以华北克拉通破坏最为显著,并记录了相关的地质过程(Li et al.,2012;Sun et al.,2018)。从海西晚期到印支晚期,华北板块与南北相邻的扬子板块和西伯利亚板块相互作用,挤压构造应力引起的沁水盆地的持续抬升导致盆地从浅海相沉积过渡到陆相碎屑岩沉积,从而结束了克拉通盆地的发展历史(Zhang,1997;Ritts et al.,2004)。燕山期,太平洋板块向欧亚大陆的俯冲碰撞作用导致沁水盆地再次抬升,盆地内部发育一定规模的断层和褶皱,并伴随着频繁的岩浆活动(Kusky et al.,2016)。沁水盆地在该期次构造活动基础上形成了一大型宽缓向斜构造格局,盆缘发育向盆内的逆冲构造。喜马拉雅期,受印亚板块碰撞作用的影响,新构造活动仍然强烈,盆地再次进入隆升阶段(Kusky et al.,2016)。在中新生代不连续沉积和构造活动改造的影响下,沁水盆地演化为一个残留的克拉通内盆地,含煤地层的深度在 200～3 000 m 之间(任战利,1998)。

沁水盆地在晚石炭世至早二叠世发生了多期次的海侵(邵龙义 等,2006;贾建称,2007)。因此,沉积地层中的煤层、碳酸盐岩、砂岩、页岩表现出区域旋回性。由于区域海侵作用,本溪组和太原组沉积为潮坪碳酸盐岩相,主要由页岩、泥岩、灰岩和煤层组成。随着海侵作用的减弱,山西组沉积为河流-三角洲相,含细粒砂岩、煤、页岩和泥岩(金振奎 等,2005;Meng et al.,2017;Yu et al.,2020)。沁水盆地主要煤系烃源岩集中在太原组和山西组,含煤地层包括至少5 组厚度为 45～75 m 的黑色页岩层段[图 2-4(b)],记录了丰富的盆地沉积演化、构造热事件的地质信息。

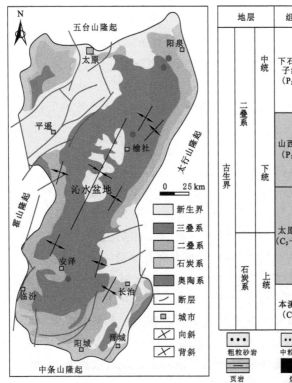
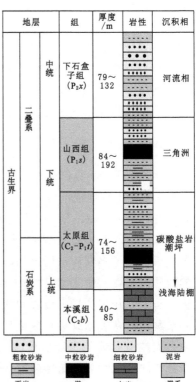

（a）构造纲要图　　　　　（b）盆地南部晚古生代煤系地层沉积柱状图

图 2-4　沁水盆地构造纲要及含煤地层图

（修改自 Sun et al.，2018；Yu et al.，2020）

2.4　野外地质调查与样品采集

本次研究中，采集的样品主要来自鄂尔多斯盆地东缘和沁水盆地的野外露头样品、矿井样品及钻井岩芯样品，包括煤系砂岩、泥岩、页岩、煤、石灰岩及岩浆岩等不同层位的代表性样品（图 2-3 和图 2-4）。野外地质调查及采样的重点对象为晚古生代石炭-二叠系太原组及山西组，也包括邻近层位的砂岩和灰岩样品，以及侵入和喷出的岩浆岩。

在鄂尔多斯盆地东缘，收集 2 口钻井岩芯样品共计 50 余件应用于本次实验测试，钻井分别位于中段的临县-兴县地区（临兴地区）和南段的大宁-吉县地区（大吉地区），前者为中联煤层气公司协助提供样品，后者为中石油勘探开发研究院廊坊分院协助取样。此外,在鄂尔多斯东缘取得野外露头及矿井样品 20 余件,调查地质剖面 5 条。为保证数据的可靠性,野外采样避免风化剥蚀区,以新鲜的露头样为主,在煤系砂岩、泥岩、页岩互层观测并收集样品[图 2-5(a)～(d)],同时测量了多组岩层节理数据和观察记录了大量煤系植物化石现象[图 2-5(e)]。在沁水盆地,共进行 5 口钻井岩芯观察,收集了 2 口钻井 40 余件样品用于实验室测试分析,钻井分别位于沁水盆地北部阳泉区块和南部马必区块。

　　基于以上野外地质、矿井及钻井调查取得的样品,经分类整理筛选后,应用于本次研究及开展相应实验测试。

（a）煤系砂岩与泥岩、页岩互层剖面

（b）页岩与煤接触风化面

（c）页岩与砂岩互层剖面

（d）砂岩、煤层与页岩互层剖面

（e）砂岩中节理极其发育,
表面可见丰富的高等植物化石

图 2-5　鄂尔多斯盆地东缘临兴地区野外地质剖面及典型沉积、构造现象组合图

第3章 煤系沉积相与层序地层格架

沉积学的研究中,沉积相的识别与划分、层序地层格架的建立是认识沉积环境演化的重要方法,而沉积相的分析是认识盆地区域不同沉积体系的空间展布和建立盆地尺度层序地层格架的基础。层序地层格架主要依据一定区域范围内具有标志性的物理界面进行划分,相同的层序在成因上具有相关性,由此可用来研究沉积相及沉积矿产资源在地层中的分布规律。华北晚古生代盆地石炭-二叠系沉积环境整体上的演化特征是从海相到海陆过渡相再到陆相的变迁过程(表3-1),但盆地区域不同位置存在一定的差异。因此,本章通过借鉴前人大量研究成果,结合沉积相的划分结果与野外地质剖面的观测结果,从鄂尔多斯盆地东缘到沁水盆地,开展华北中部晚古生代石炭-二叠系太原组和山西组沉积环境演化过程中的相变规律及层序地层格架研究。

表 3-1 华北地区晚古生代沉积相划分表

沉积体系	沉积相	沉积亚相	沉积微相	主要分布层位
过渡环境	三角洲	三角洲平原	分流河道、天然堤、分流间洼地、泥炭沼泽	山西组、太原组
		三角洲前缘	水下分流河道、水下天然堤、分流间湾、泥炭沼泽、远砂坝	
		前三角洲	前三角洲泥	
陆表海环境	障壁岛-潟湖	障壁岛		太原组
		潮坪	泥坪、砂坪、混合坪、泥炭沼泽	
		潟湖		
	碳酸盐潮坪	碳酸盐潮下坪	局限潮下坪、开阔潮下坪	太原组
		碳酸盐潮上坪		

3.1 鄂尔多斯盆地东缘沉积相与层序地层特征

鄂尔多斯盆地东缘沉积相识别和层序地层划分是认识区域煤系烃源岩物理化学特征的沉积学基础。前人依据钻井岩芯观察、野外地质剖面及测井数据对这一区域做了大量的研究(Shen et al.,2017;孙彩蓉,2017;孙钦平 等,2006;沈玉林 等,2006;Qi et al.,2020;郑书洁,2016)。基于前人研究资料及成果,结合沉积学、层序地层学理论,对该区的石炭-二叠系太原组、山西组沉积相类型进行划分。

盆地东缘北段的哈尔乌素地区[图 3-1(a)],太原-山西组地层可划分为 2 个沉积相、6 个沉积微相。太原组底部为浅海相的障壁岛-潟湖沉积,潟湖环境发育泥质和泥炭沉积,发育泥岩、页岩和薄煤层,而分流河道的浅水体系沉积发育了厚层砂岩,即太原组底部标志层晋祠砂岩,这一沉积体系形成了砂岩和泥岩旋回分布的特征。太原组的中上段为三角洲相中的三角洲前缘沉积亚相,主要为泥炭沼泽微相发育,在上部发育了厚层煤岩,下部发育了厚层泥岩。山西组整体上为三角洲相沉积,发育分流河道、泛滥盆地、分流间湾等微相,在分流河道中发育中-粗粒砂岩沉积,而在分流间湾和泛滥盆地中发育泥质或粉砂质沉积,形成了砂岩、泥岩交替出现的垂向序列。

盆地东缘中段的临县地区[图 3-1(b)],主要发育碳酸盐潮坪(地台)、障壁岛-潟湖及三角洲沉积相,以及若干沉积微相。太原组下部形成了潟湖、碳酸盐潮坪为主的石灰岩与泥岩旋回,也发育了障壁岛沉积形成的砂岩沉积。太原组上部发育潟湖、碳酸盐潮坪、泥炭沼泽微相,发育泥岩、薄煤层及灰岩沉积。山西组以三角洲相沉积为主,形成了以分流河道沉积的砂岩与分流间湾、泛滥盆地、泥炭沼泽沉积的泥岩或煤的岩性序列。

盆地东缘南段沉积相主要为碳酸盐潮坪(地台)、障壁岛-潟湖及三角洲相[图 3-1(c)]。太原组总体上发育碳酸盐潮坪和潟湖相沉积形成的多套灰泥旋回,其中夹有泥炭沼泽环境沉积的薄煤层。山西组三角洲相沉积发育泛滥盆地、分流河道、泥炭沼泽和天然堤,形成了泥岩、砂岩、煤层交替出现的序列。

鄂尔多斯盆地东缘的层序地层:盆地东缘北段,在太原组和山西组中分别识别出两个沉积层序,即 TSQ1、TSQ2 和 SSQ1、SSQ2[图 3-1(a)]。在太原组第 1 层序(TSQ1)主要发育分流河道、障壁岛-潟湖沉积,底部发育厚层粗砂(晋祠砂岩),顶部为泥岩或细砂岩。层序结构包括低位体系域(LST)、海进体系域(TST)和高位体系域(HST),在垂向序列上形成了一套正粒序旋回,代

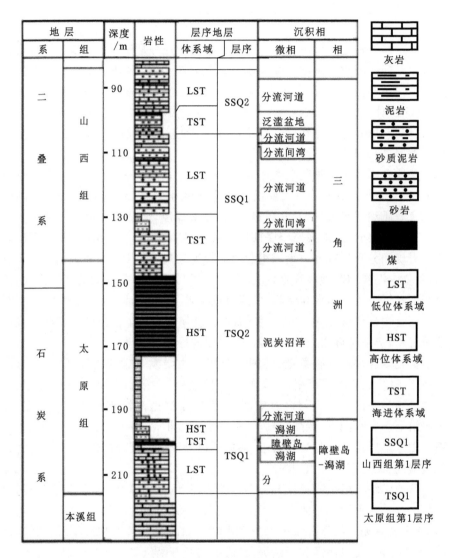

（a）鄂尔多斯东缘北段（哈尔乌素）

图 3-1　鄂尔多斯盆地东缘沉积相及层序地层划分

（修改自孙彩蓉，2017）

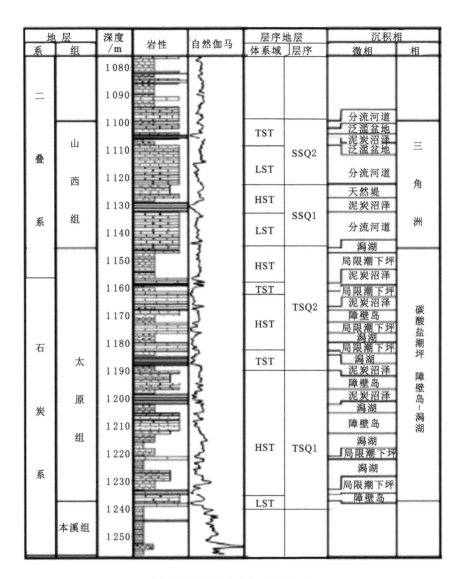

（b）鄂尔多斯东缘中段（临县地区）

图 3-1　（续）

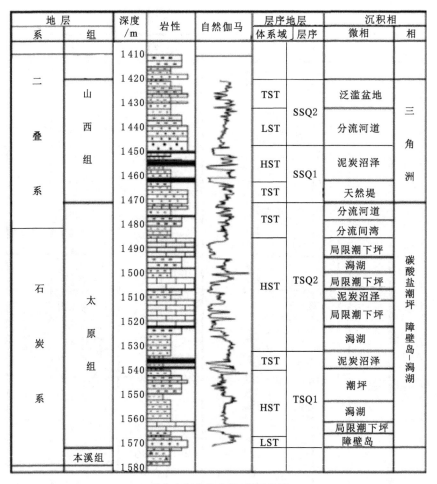

地层		深度	岩性	自然伽马	层序地层		沉积相	
系	组	/m			体系域	层序	微相	相
二叠系	山西组	1410 1420 1430 1440 1450 1460 1470			TST	SSQ2	泛滥盆地	三角洲
					LST		分流河道	
					HST	SSQ1	泥炭沼泽	
					TST		天然堤	
石炭系	太原组	1480 1490 1500 1510 1520 1530			TST	TSQ2	分流河道	碳酸盐潮坪障壁岛-潟湖
							分流间湾	
							局限潮下坪	
					HST		潟湖	
							局限潮下坪	
							泥炭沼泽	
							局限潮下坪	
							潟湖	
		1540 1550 1560 1570			TST	TSQ1	泥炭沼泽	
					HST		潮坪	
							潟湖	
							局限潮下坪	
	本溪组	1580			LST		障壁岛	

（c）鄂尔多斯东缘南段（隰县地区）

图 3-1 （续）

表着一次海侵事件的发生。结合晚石炭世晚期的构造背景可知,西伯利亚板块的南向俯冲挤压导致了北高南低的古地貌,海水侵入来自东南的古秦岭洋,物源主要来自北部古陆的风化剥蚀产物。太原组第 2 层序(TSQ2)主要为泥炭沼泽沉积微相,发育厚层的泥岩和煤,为高位体系域。该层序沉积期水体环境相对稳定,为泥岩和煤的沉积提供了良好的还原条件。山西组第 1 层序(SSQ1)主要发育分流河道和分流间湾微相,层序结构上包括低位体系域和海进体系域,形成了两套砂泥旋回,旋回序列沉积物的粒度向上变粗,总体上代表着一次海退事件。山西组第 2 层序(SSQ2)发育泛滥平原和分流河道微相,包括海进体系域和低位体系域。海进体系域发育泥岩,低位体系域以粉砂岩-中砂岩为主,沉积物粒度变粗,代表着一次海退事件。

　　盆地东缘中段,在太原组发育 2 个沉积序列,在山西组发育 2 个沉积序列[图 3-1(b)]。太原组第 1 序列(TSQ1)为低位体系域和高位体系域沉积,发育砂岩、泥岩、砂质泥岩、煤和石灰岩沉积组合,代表着浅海相沉积环境,其底部的厚层砂岩为标志层。太原组第 2 序列(TSQ2)由海进体系域和高位体系域组成,海进体系域发育泥岩、煤和砂质泥岩沉积,高位体系域发育石灰岩沉积,岩性垂向序列上具有明显的灰泥旋回分布特征。山西组第 1 序列(SSQ1)主要由分流河道、泥炭沼泽和天然堤微相组成,包含低位体系域和高位体系域,发育砂岩、泥岩沉积,垂向上形成正粒序旋回,代表着一次海侵事件。山西组第 2 序列(SSQ2),包含低位体系域和高位体系域,底部发育粗粒砂岩,顶部发育泥岩或粉砂岩,沉积物粒度向上变细,总体上为一次海侵事件。此外,基于该区的野外地质调查,在晚石炭世本溪组和中奥陶世马家沟组之间可见一明显的风化壳[图 3-2(a)],风化壳之上可见本溪组和太原组水平层理页岩发育[图 3-2(b)]。在山西组下段地层中可见薄层砂岩与厚层页岩互层发育,整体上指示的仍是一种低能水体沉积环境[图 3-2(c)]。而在山西组上段和下石盒子组可见砂岩中发育的楔形交错层理、平行层理和波状层理,指示着高能水体环境[图 3-2(d)~(f)]。另外,高等植物化石在山西组和下石盒子组砂岩中广泛出现,指示着该时期植物生长繁盛的古植物背景[图 3-2(g)]。同时,岩浆岩侵入体在该区较为发育,可见较大出露面积的岩浆岩侵入在砂岩之下,这表明燕山期岩浆活动在鄂尔多斯盆地东缘较为活跃[图 3-2(h)和(i)]。

　　盆地东缘南段,在太原组发育 2 个沉积序列,在山西组发育 2 个沉积序列[图 3-1(c)]。太原组第 1 序列(TSQ1)为低位体系域、高位体系域和海侵体系域组合。低位体系域发育中-粗粒砂岩沉积,为太原组底部界面标志层(晋祠砂岩),高位体系域发育灰岩和泥岩沉积,海侵体系域发育砂岩、泥岩和煤的沉积组合。太原组第 2 序列(TSQ2)主要为高位体系域和海进体系域,区内发育厚层的石灰岩和泥岩,形成灰泥旋回,代表着当时的最大海泛面——海进体系域,发育分流间湾和泥炭沼泽微相,形成了砂岩、煤、泥岩垂向分布序列。沉积物颗粒向上变细,代表着一次海侵事件。山西组第 1 序列(SSQ1)为三角洲天然堤和泥炭沼泽沉积,包含海进体系域和高位体系

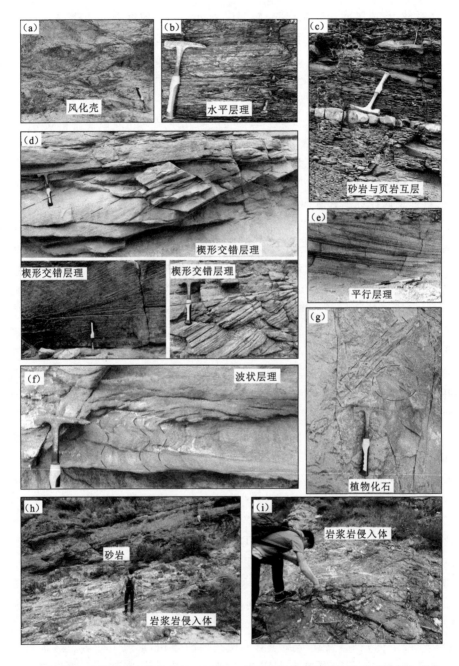

图 3-2　鄂尔多斯盆地东缘临兴地区石炭-二叠系地层典型沉积构造及岩浆侵入现象

域,发育砂岩、煤、泥岩岩性序列,仍代表一次海侵事件。山西组第 2 序列
(SSQ2)为分流河道和泛滥盆地沉积微相,包含低位体系域和海进体系域,
形成了砂岩和泥岩的旋回分布序列。

　　基于以上位于鄂尔多斯盆地东缘不同位置的三个地区沉积相分析结果可
知,在太原组沉积期,盆地东缘中段和南段为浅海相的碳酸盐潮坪和障壁岛-
潟湖沉积体系,而北段仅在太原组沉积早期为浅海相沉积,在中晚期发育为浅
水三角洲沉积。这一现象说明在太原组沉积期,盆地东缘已经出现了明显的
南北分异特征,即北部为过渡相、南部为海相。结合该时期的地质背景可知,
受海西期构造活动影响,位于盆地北缘的西伯利亚板块持续挤压,造成阴山造
山带的隆起,导致盆地北部发生隆升,地形变陡,而南部仍处于浅海沉积体系,
地形平缓。因此,在沉积相平面分布上由北向南发育过渡相三角洲、障壁岛-
潟湖、碳酸盐潮坪的沉积格局,在岩性分布上呈现南部碳酸盐岩及泥质沉积发
育而北部以砂质沉积为主的差异格局。山西组沉积期,盆地东缘北段山西组
发育中-粗粒砂岩沉积,泥质沉积极少;中段出现多套砂泥旋回,南段则以泥质
沉积稍占主导地位。山西组的沉积相及岩性南北分异特征与当时的大地构造
背景密切相关。受古秦岭洋的闭合影响,鄂尔多斯盆地出现了大规模的海
退事件,加之华北北侧造山带的持续隆起,盆地东缘形成了以三角洲沉积体
系为主的过渡相沉积。这一时期的物源主要来自盆地北部的造山带风化剥
蚀产物。同时,沉积环境迁移演化也代表着古气候、古环境及物源的改变。
从晚石炭世至二叠纪末期,该区域由温暖湿润气候逐渐过渡到干旱炎热气
候,海水作用的消退与河流作用的加强,导致三角洲相及河流相沉积逐步由
北向南推移。

3.2　沁水盆地沉积相与层序地层特征

　　沁水盆地是位于华北克拉通中部的重要能源盆地,煤系沉积期环境演化
的分析对于煤及油气资源的形成及赋存具有重要意义。基于矿井生产报告、
钻孔岩芯资料及前人研究成果等数据,对沁水盆地石炭-二叠系太原组、山西
组的沉积相进行识别和划分。

　　沁水盆地北部阳泉地区岩性柱状表明,太原组形成于碳酸盐潮坪、障壁
岛-潟湖沉积相,主要包含局限潮下坪、泥坪、砂坪沉积微相,发育多套石灰岩
与泥岩旋回的沉积序列[图 3-3(a)]。碳酸盐潮坪局限潮下坪主要发育厚层的
石灰岩沉积,障壁岛-潟湖泥坪发育泥岩、页岩,砂坪发育砂岩。海进、海退的

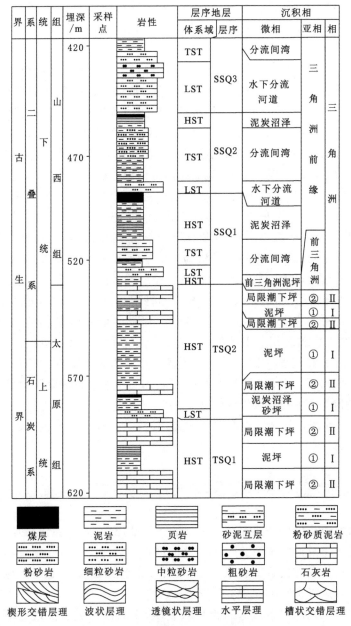

（a）沁水盆地北部（阳泉地区）

图 3-3　沁水盆地沉积相及层序地层划分

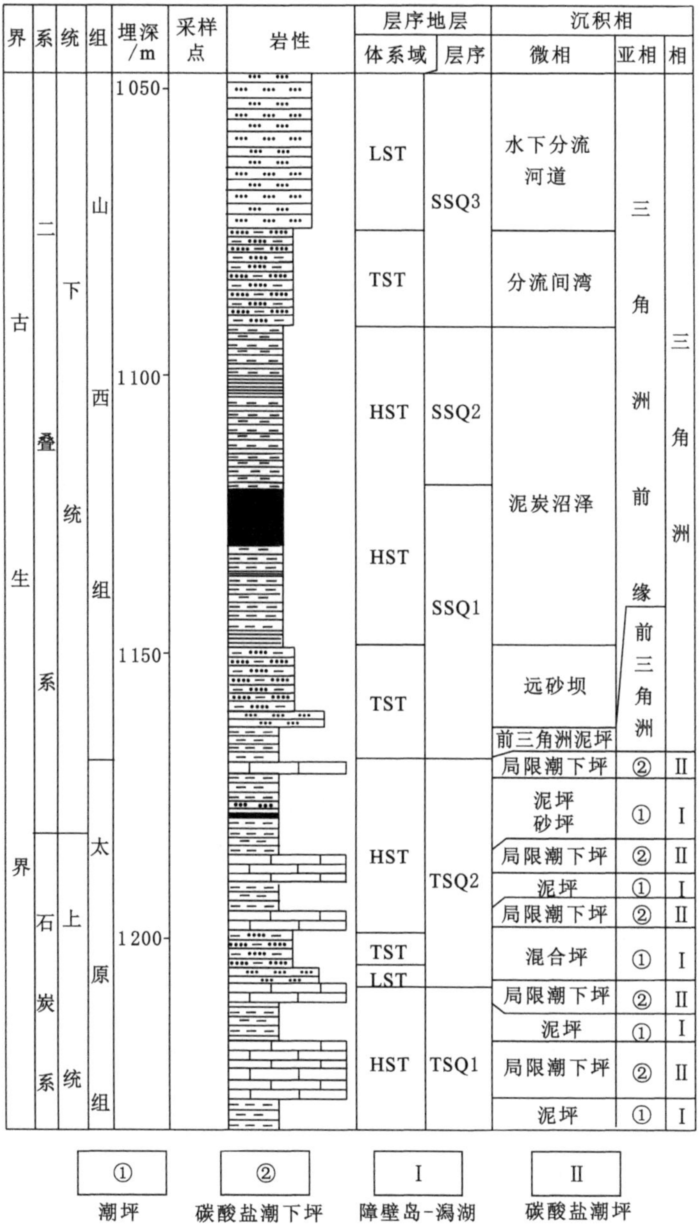

界	系	统	组	埋深/m	采样点	岩性	体系域	层序	微相	亚相	相
古生界	二叠系	下统	山西组	1050			LST	SSQ3	水下分流河道	三角洲前缘	三角洲
				1100			TST		分流间湾		
							HST	SSQ2			
							HST		泥炭沼泽		
				1150				SSQ1	远砂坝	前三角洲	
							TST		前三角洲泥坪		
	石炭系	上统	太原组				HST	TSQ2	局限潮下坪	②	II
									泥坪砂坪	①	I
									局限潮下坪	②	II
				1200					泥坪	①	I
							TST		局限潮下坪	②	II
							LST		混合坪	①	I
									局限潮下坪	②	II
							HST	TSQ1	泥坪	①	I
									局限潮下坪	②	II
									泥坪	①	I

①	②	I	II
潮坪	碳酸盐潮下坪	障壁岛-潟湖	碳酸盐潮坪

（b）沁水盆地南部（马必地区）

图 3-3 （续）

频繁交替便形成了太原组的灰泥旋回。山西组沉积期主要发育三角洲相,包含前三角洲亚相和三角洲前缘相,以及水下分流河道、分流间湾、泥炭沼泽等多个沉积微相,以至于形成了砂岩、泥岩、页岩及煤层的沉积组合。

沁水盆地南部马必区块在太原组沉积期同样也是发育碳酸盐潮坪和障壁岛-潟湖沉积相,二者分别是碳酸盐台地-陆表海沉积体系和障壁海岸沉积体系的产物[图 3-3(b)]。沉积微相主要包括局限潮下坪、砂坪、泥坪及混合坪,分别形成了厚层灰岩、砂岩、泥岩及砂泥互层的岩性序列。山西组为三角洲相沉积,发育前三角洲、三角洲前缘两个亚相,以及水下分流河道、分流间湾、泥炭沼泽、远砂坝等沉积微相。其中,以泥炭沼泽为主的微相,在沁水盆地南部山西组发育了巨厚层的泥岩、页岩和煤的沉积层;水下分流河道沉积了厚层的细砂岩层。

沁水盆地北部太原组可划分为 2 个沉积序列,山西组可划分为 3 个沉积序列[图 3-3(a)]。太原组第 1 序列为高位体系域,发育厚层的石灰岩及泥岩、页岩,岩层的厚度及岩性相对稳定,为一深水沉积体系,且气候条件温暖湿润。太原组第 2 序列为低位体系域和高位体系域组成,低位体系域发育的砂岩位于底部,为晋祠砂岩标志层。高位体系域以泥岩和石灰岩为主,夹薄煤层。该段可见明显的灰泥组合,但泥岩占主要地位。高位体系域形成于海侵范围扩大的背景下,由于泥炭堆积速率和盆地可容空间稳定增长速率相匹配,在这一高水位环境中沉积了厚层的泥岩和煤。山西组第 1 序列为前三角洲亚相背景下形成的高位体系、低位体系域和海进体系。高位体系域延续了太原组末期的水体环境,形成了泥岩沉积,而后经历了区域的海退影响,形成低位体系域,沉积了砂岩。此后随着再一次的海侵,形成了砂岩、煤的沉积组合。山西组第 2 层序包含低位体系域、海进体系域和高位体系域,岩性由砂质沉积转化为泥质沉积,代表着一次海进事件。山西组第 3 层序包含海进体系域和高位体系域,形成了以砂岩为主的沉积序列。受华北整体构造格局的控制,区域内部发生了大规模的海退,厚层的中粒砂岩代表着此时的气候已发生改变,逐渐向炎热干旱条件过渡。

沁水盆地南部太原组包含 2 个沉积序列,山西组包含 3 个沉积序列[图 3-3(b)]。太原组第 1 序列为局限潮下坪和泥坪的高水位沉积环境,形成稳定厚度的石灰岩和泥岩沉积,代表着较弱的水动力环境,同时也代表着当时的最大泛海面。太原组第 2 序列为低位体系域、海进体系域和高位体系域。低位体系域中发育一套厚层砂岩,而后经历海侵作用形成砂泥互层。高位体系域中发育厚层泥岩及薄层灰岩,表明随着海平面的上升,盆地接受稳定的沉积。山西组第 1 序列为海进体系域和高位体系域。海进体系域延续了太原组末期的水体环境,形成了泥岩沉积。这一期高位体系域为沁水盆地南部的主要成煤期,稳定的泥炭输入和海侵引起的盆地扩张达到了动态平衡,在盆地南部形成了大范围的厚层泥炭堆积,发育成了厚层的泥岩和煤层。这也表明当时的气候条件、植被发育、构造环境稳定。山西组第 2 序列为泥质沉积序列,覆盖在第 1 序列煤层之上,可能受当时环境的改变,泥炭输入和堆积的条件受限,仅发育厚层泥岩。山西组第 3 序列为海进体系域和低位体系域。结束了稳定成煤期,海退作用加强,泥质沉积向砂质沉积转换,形成了逆粒序旋回,这也是山西期区域性海水南撤背景下的产物。

沁水盆地南部和北部的沉积相组合在垂向序列上差异较小,但同一层位的埋深由南至北呈逐渐降低的趋势,这一现象说明沁水盆地在石炭-二叠纪也受到了来自华北板块北部的西伯利亚南向挤压作用的影响,导致盆地北部隆升而南部低洼。晚石炭世早期本溪组沉积期,海水主要来源为盆地北侧的古亚洲洋的侵入,随着西伯利亚板块与华北板块的拼合,北隆南低的古地貌使得海水来源为盆地南侧的古秦岭洋的侵入,此时盆地的沉积中心由北部迁移到南部。进入山西组沉积期,华北板块受扬子板块和西伯利亚板块持续俯冲作用的加强,整体抬升,海退作用加强。华北的陆表海沉积体系逐渐转换为过渡相沉积体系及内陆湖盆沉积体系,此后盆地沉积中心迁移到中部。此一系列沉积环境的变迁,导致相应的古气候、古环境的改变。总体上,沁水盆地与鄂尔多斯盆地东缘石炭-二叠纪北高南低的古地貌相似,且煤系沉积期主要物源都是北侧的造山带。但前者在沉积分异程度上并没有后者显著,这可能是由于盆地距离阴山造山带空间距离远近的影响。

3.3　本章小结

华北晚古生代沉积盆地石炭-二叠纪太原组和山西组沉积期存在三大沉积体系——碳酸盐潮坪、障壁岛-潟湖、三角洲沉积体系。不同地区在沉积体系的空间分布上存在显著差异,整体的沉积环境为海相沉积环境向过渡相沉积环境转换。鄂尔多斯盆地东缘和沁水盆地主要物源为华北克拉通北部的阴山古陆,盆地南部也受到秦岭古陆的陆源物质输入影响。华北晚古生代地层总体上可划分为两个主要沉积阶段,分别为太原组的陆表海充填阶段和山西组的海陆过渡相三角洲充填阶段。陆表海充填阶段以海进体系域和高位体系域为主,三角洲充填阶段为低位体系域、海进体系域和高位体系域并存。太原组泥岩、页岩及煤主要与石灰岩相间发育,代表浅海相煤系烃源岩沉积模式;而山西组泥岩、页岩及煤主要与砂岩互层出现,指示过渡相煤系烃源岩沉积模式。不同时期不同沉积体系的水体物理化学环境和沉积物源有着显著的差异,这种差异能够很好地记录在煤系中,并反映煤系沉积期的地质事件。

第4章　煤系矿物岩石学与地球化学特征

盆地演化过程中,煤系中矿物组分与元素组成在垂向上受不同的沉积体系控制,在横向上受盆地分异的差异沉积相展布影响。本章基于上古生界石炭-二叠系煤系沉积地层岩性分布、空间组合、宏微观结构构造,结合含煤地层的矿物组成与含量、显微组分及含量、有机质含量、热成熟度、岩石热解等有机地球化学参数,以及主量元素、微量元素等地球化学结果,重点剖析华北主要沉积盆地煤系矿物岩石学及地球化学特征,为晚古生代沉积环境迁移演化的研究及构造热模拟的建立提供数据基础。

4.1　矿物岩石学特征

岩石的组成和成分是储层形成、成岩演化的物质基础(刘宝珺,1980),其中的矿物组分和有机组分均能够反映沉积成岩时期的物源及环境条件,能够为认识储层的物理化学特征提供良好的指示。本次研究我们选取华北地区鄂尔多斯盆地东缘和沁水盆地煤系砂岩与页岩样品作为研究对象,借助 X 射线衍射半定量分析技术、场发射扫描电镜、光学显微镜等手段,分析岩石矿物组成与含量、有机岩石学显微组分等,为厘定华北晚古生代煤系沉积期的物源及环境条件奠定基础。

4.1.1　宏观岩石学特征

岩石类型组合可以反映盆地煤系沉积期的古环境、古气候以及物源等多个地质条件,是认识盆地沉积演化的重要岩石学特征。华北克拉通晚石炭世至早二叠世以海侵体系域占主导地位的太原组与早二叠世以低位体系域为特征的山西组的沉积环境差异的最直接的表现形式是岩性组合。本书将以华北克拉通不同区域的盆地中太原组和山西组沉积期的岩石组合进行系统划分与讨论,旨在揭示沉积环境变迁过程中岩性组合的沉积岩石学证据。

针对华北地区太原组和山西组关键煤系,依据岩性、沉积相与测井曲线结果,识别出太原组以灰泥旋回为主、山西组以砂泥旋回为主的岩石类型组合。

(1)灰泥组合类型

华北晚古生代沉积盆地太原组广泛发育灰泥岩性组合,即石灰岩与泥岩旋回组合,这一地层垂向岩性组合在沁水盆地尤为发育。通常表现为厚层石灰岩与薄层或厚层泥岩交替出现,这种岩性的差异在测井曲线上表现出良好的对应性(图 4-1)。一般来说,岩石中泥质含量越高,泥质颗粒的数量越多,颗粒表面吸附的离子数量越多,在外电场的作用下,离子的定向移动能够形成电流,因此岩石的电阻率降低(王辉,2005)。泥岩或者页岩中的泥质含量一般至少可达 50%,其电阻率通常为 5～60 Ω·m,而石灰岩中泥质含量极低,其电阻率通常为 60～6 000 Ω·m。相应地,侧向电阻率/视电阻率在石灰岩层中表现出高值,而在泥岩中表现为低值,如图 4-1 所示。同样,由于泥岩中含有较多的黏土矿物,其吸附能力增强,能够富集放射性元素,所以在自然伽马曲线上表现出较高的值,而石灰岩中不易富集放射性元素,导致其具有相对较低的自然伽马值(图 4-1)。同时,在密度测井曲线和声波时差测井曲线上也有类似的响应。

(2)砂泥组合类型

砂泥旋回组合为华北地区石炭-二叠系最为典型的岩性旋回,其主要特征为层厚相当的泥岩和砂岩的旋回性垂向分布。在侧向电阻率曲线上,砂岩表现出中值,而泥岩的电阻率值表现为平直的低值,二者形成明显的差异(图 4-2、图 4-3)。针对煤层,研究表明煤的电阻率与水分、矿物含量、煤体破坏程度、温度、变质程度呈负相关关系(王云刚 等,2010;马东民 等,2018)。随着煤的变质程度增加,其内部的大分子结构趋于定向化排列,导电性能增加,电阻率降低。因此,煤的变质程度越低,其电阻率越高。鄂尔多斯盆地东缘的煤层一般表现出较高的电阻率,因为其属于低-中阶煤,而沁水盆地的无烟煤通常表现出较低的电阻率。自然伽马曲线结果表明,泥岩表现为高值,而砂岩和煤表现为低值,在垂向上形成了高、低值相间分布的特征。长源距伽马-伽马曲线指示泥岩和煤层段呈锯齿状分布,而砂岩层段表现为平直的趋势。这一交错分布的测井曲线响应展现了良好的砂泥旋回分布组合(图 4-3)。鄂尔多斯盆地东缘临兴地区的砂泥旋回组合的测井曲线响应也表现出相似的特征,尤其是自然伽马值的起伏变化表现出良好的岩性差异(图 4-2)。

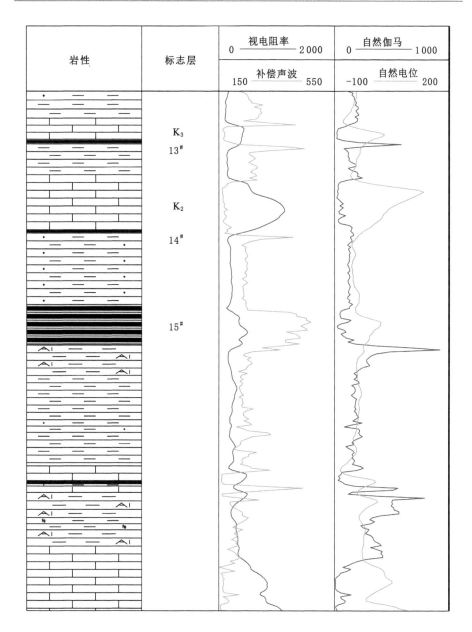

K₁ 和 K₃—K₁ 砂岩和 K₃ 砂岩；13#、14# 和 15#—13 煤、14 煤和 15 煤。

图 4-1　沁水盆地太原组石灰岩与泥岩旋回组合及其测井响应

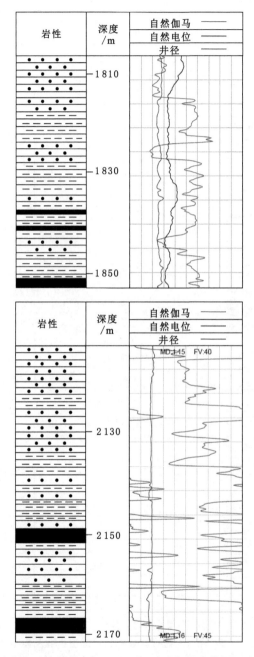

图 4-2 鄂尔多斯盆地东缘临兴地区山西组砂岩与泥岩旋回组合及其测井响应

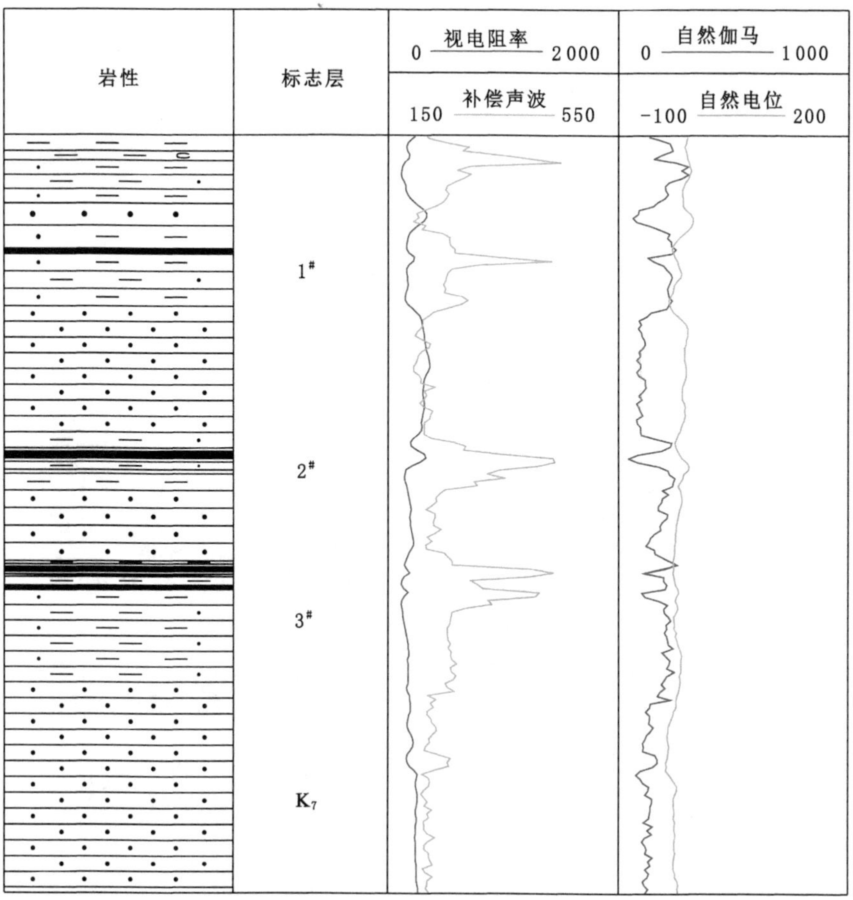

岩性	标志层	视电阻率 0 —— 2000	自然伽马 0 —— 1000
		补偿声波 150 —— 550	自然电位 -100 —— 200
	1#		
	2#		
	3#		
	K7		

K7—K7 砂岩;1#、2# 和 3#—1 煤、2 煤和 3 煤。

图 4-3　沁水盆地山西组砂岩与泥岩旋回组合及其测井响应

4.1.2　显微岩石学特征

华北地区太原组和山西组煤系砂岩(以沁水盆地为例)的薄片鉴定分析表明,山西组石英的含量较高,黏土矿物次之,长石的含量相对较少[图 4-4(a)～(f)]。山西组上段砂岩样品中石英的分选适中,磨圆度次棱角状-棱角状,代表着较强的水动力环境,石英颗粒之间胶结物以泥质为主,充填物中含有岩屑,也可见少量重矿物发育[图 4-4(a)、(b)]。依据铸体薄片的鉴定结果,认为岩屑主要为火山岩屑,其次包含浅变质岩屑。山西组下段样品砂岩中石英

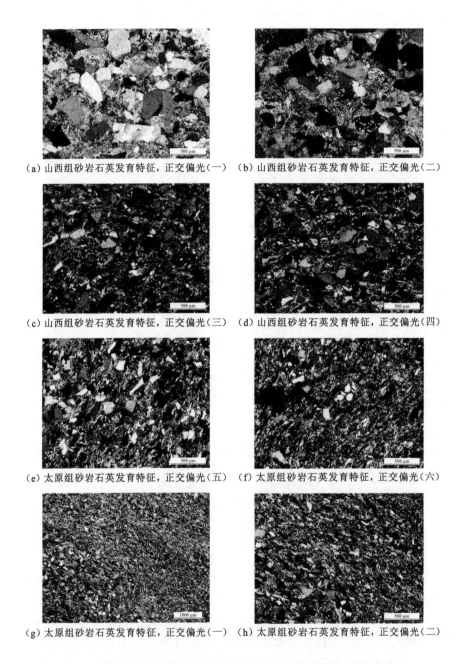

（a）山西组砂岩石英发育特征，正交偏光（一）　（b）山西组砂岩石英发育特征，正交偏光（二）

（c）山西组砂岩石英发育特征，正交偏光（三）　（d）山西组砂岩石英发育特征，正交偏光（四）

（e）太原组砂岩石英发育特征，正交偏光（五）　（f）太原组砂岩石英发育特征，正交偏光（六）

（g）太原组砂岩石英发育特征，正交偏光（一）　（h）太原组砂岩石英发育特征，正交偏光（二）

图 4-4　华北中部山西组和太原组典型砂岩光学显微镜正交偏光照片

粒度相对较小,磨圆度为棱角状,代表着较弱的水动力条件。相对于粗粒的石英砂岩,小段样品中岩屑的含量相对较多,泥质含量相对较少[图 4-4(c)、(d)]。太原组煤系砂岩层段占比较少,其中多以细粒石英砂岩为主,泥质含量相对较多[图 4-4(e)~(h)]。细粒石英砂岩通常与泥岩互层发育,在垂向上表现出良好的粒序性,代表着海侵、海退事件。太原组石英砂岩粒度以细粒为主,碎屑颗粒均匀,略微表现出定向分布特征,磨圆度为棱角状,分选中等,胶结物以泥质为主,指示一种相对稳定的弱水动力环境。岩屑中,火成岩岩屑主要为酸性喷出岩岩块,变质岩岩屑主要为石英岩、片岩及千枚岩等,也可见少量云母发育。矿物颗粒间的填隙物主要为泥质,泥质重结晶表现为纤维状或团状均匀分布,偶见方解石及白云石等矿物。太原组砂岩岩石致密,孔隙不发育,可见少量的溶蚀颗粒孔和微裂隙。

研究区太原组和山西组典型泥页岩的薄片观察结果如图 4-5 所示。泥页岩中主要的矿物成分为石英和黏土矿物,其中石英以细小颗粒分布在黏土矿物基底中,在正交偏光下其干涉色为白色,具有中低凸起。黏土矿物在单偏光下通常表现为褐色条带状分布,具有一定的水平层理分布特征[图 4-5(a)~(g)]。部分泥页岩中可见大量的高等植物化石[图 4-5(h)],尤其在山西组砂质泥岩中尤为发育,代表着适宜高等植物繁殖的温暖湿润气候,也指示了良好的有机质富集环境。

4.1.3　泥页岩矿物组分

泥页岩的矿物组分能够对沉积环境和物源的判别起到良好的指示作用,其黏土矿物的含量在盆地尺度上往往表现出明显的差异,通常反映了陆相物源输入的强度。本次研究中,我们主要采用日本理学 D/MAX-2600 X 型光粉晶衍射仪对华北地区鄂尔多斯盆地东缘和沁水盆地煤系页岩的矿物组成进行半定量分析,执行《沉积岩中黏土矿物和常见非黏土矿物 X 射线衍射分析方法》(SY/T 5163—2018)标准。结果表明,华北地区中部泥页岩样品中石英和黏土矿物含量占主导地位,其次含有斜长石、钾长石、黄铁矿及菱铁矿,少见方解石和白云石;黏土矿物中,高岭石、伊利石和伊蒙混层含量相对高,绿泥石含量稍低(表 4-1)。

沁水盆地南部山西组石英含量为 36.4%~46.1%,均值 42%,黏土矿物含量为 47.6%~56.1%,均值 50.5%;太原组石英含量为 43.3%~60.9%,均值 51.2%,黏土矿物含量为 33.4%~53.4%,均值 41.5%。盆地北部山西组石英含量为 2.6%~39.7%,均值 25.9%,黏土矿物含量为 53.8%~

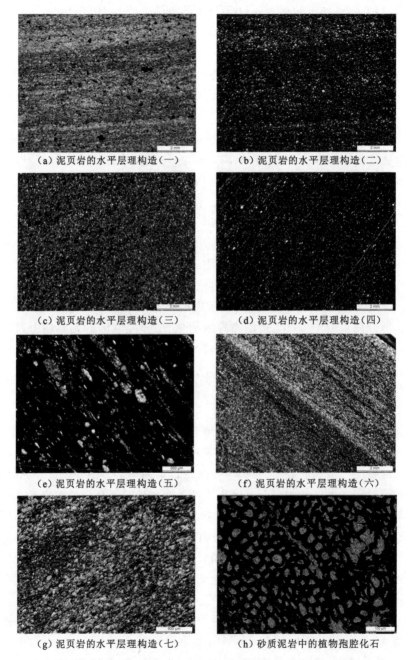

（a）泥页岩的水平层理构造（一）　　　　（b）泥页岩的水平层理构造（二）

（c）泥页岩的水平层理构造（三）　　　　（d）泥页岩的水平层理构造（四）

（e）泥页岩的水平层理构造（五）　　　　（f）泥页岩的水平层理构造（六）

（g）泥页岩的水平层理构造（七）　　　　（h）砂质泥岩中的植物孢腔化石

图 4-5　华北中部山西组和太原组典型泥页岩光学显微镜单偏光和正交偏光照片

表 4-1　沁水盆地上古生界煤系泥页岩样品矿物组成与含量统计表（矿物含量为质量分数）　　单位：%

区块	层位	样品编号	方解石	白云石	石英	斜长石	钾长石	黄铁矿	菱铁矿	黏土矿物	高岭石	绿泥石	伊利石	伊蒙混层
南部	山西组	QN-0	0	0	46.1	2.7	0.9	1.6	1.1	47.6	26.5	5.9	49.1	18.5
		QN-1	0	0	36.4	3.1	0.7	3.7	0	56.1	10	2.6	68.1	19.3
		QN-3	0	0	40.1	3.9	0	0	5.9	50.1	40.9	9.5	37	12.6
		QN-4	0	0	42.8	4.7	0	0	2.4	50.1	31.8	12.6	39.4	16.2
		QN-5	0	0	44.6	4.6	0	0	2.4	48.4	48.3	15.9	28.9	6.9
		QN-6	0	0	43.3	2.9	0	0	0.4	53.4	33.7	9.3	46.5	10.5
	太原组	QN-7	0	0	60.9	3.8	0	0	1.9	33.4	14.7	4.9	52	28.4
		QN-8	0	0	39	4.3	0	0	14.5	42.2	35.3	13.3	15.2	36.2
		QN-9	0	0	61.4	1	0.8	0	0	36.8	31.9	15.2	31.9	21
北部	山西组	QB-1	0	0	14.1	0	0	0	0	85.9	79.6	20.4	0	0
		QB-2	0	0	27.7	3.5	0	0	2.3	66.5	19.1	9.2	44.5	27.2
		QB-3	0	0	2.6	0	0	0	0	97.4	56.5	22.7	5.4	15.4
		QB-4	0	0	39.7	1.6	0	2.1	0.8	55.8	22.7	7.9	30.6	38.8
		QB-5	0	0	38.1	1.6	0	0	0.6	59.7	33	12.6	38.2	16.2
		QB-6	0	2.2	30.7	1.7	0	1.3	10.3	53.8	23.6	11.4	34.8	30.2
		QB-7	0	0	14.9	0	0	0	0	85.1	55.7	24.3	14.9	5.1
		QB-8	0	3.7	34.8	3.2	0	3	1.2	54.1	42.2	9.5	24.1	24.2
		QB-9	0	0	30.1	1.3	0	0	0.8	67.8	47.1	13.6	18.5	20.8
	太原组	QB-10	0	0	37.6	3.6	0	1.7	0.6	58.2	12.4	14.2	66.8	6.6
		QB-11	0	0	30.6	2.6	0	0	4.2	60.9	3.1	7.2	43.7	46
		QB-12	0	0	25.2	0	0	0	4.1	70.7	59.3	10.3	20	10.4
		QB-13	0	26.8	29.9	1.2	0	0	1	41.1	13	11.2	37.7	38.1
		QB-14	0	0	29.8	1.6	0	0	0	68.6	50	10	10.5	29.5
		QB-15	0	1.4	34.1	2.6	0	2	2.4	57.5	39.8	11.1	29.6	19.5
		QB-16	0	3.9	38.9	5.3	0	0.9	7.1	43.9	53.7	6.5	18.5	21.3

97.4%,均值 69.6%;太原组石英含量为 25.2%～38.9%,均值 32.3%,黏土矿物含量为 41.1%～68.6%,均值 57.3%(表 4-1)。沁水盆地煤系泥页岩样品的黏土矿物含量表现出北高南低的分布特征,且同一地区由太原组至山西组石英含量呈减少趋势,而黏土矿物含量呈增加趋势[图 4-6(a)和图 4-7(a)]。黏土矿物中主要发育高岭石、蒙脱石和伊蒙混层,盆地北部煤系样品的高岭石平均含量略高于南部样品[图 4-6(b)和图 4-7(b)]。

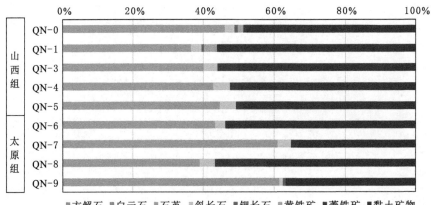

（a）全岩矿物组成

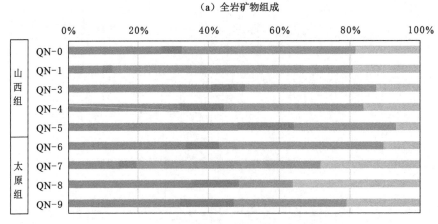

（b）黏土矿物相对含量

图 4-6　沁水盆地南部上古生界煤系泥页岩样品矿物组成图

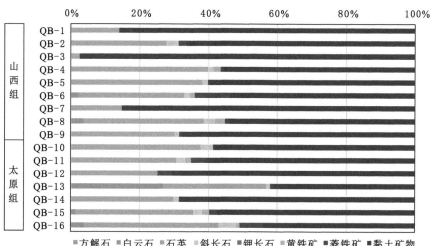

（a）全岩矿物组成

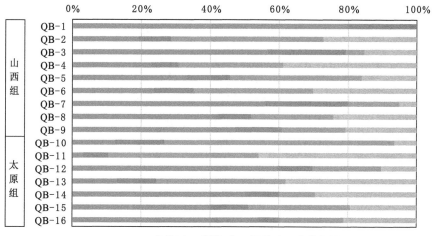

（b）黏土矿物相对含量

图 4-7　沁水盆地北部上古生界煤系泥页岩样品矿物组成图

对于鄂尔多斯盆地东缘,由于获取样品条件限制,本次研究中未能开展系统的测试工作。因此,我们引用孙彩蓉(2017)对于该区域的研究成果,其结果表明,鄂尔多斯盆地东缘北段哈尔乌素地区石英含量为 0~48.5%,均值 21.5%,黏土矿物含量为 51.5%~100%,均值 73.2%;中段临县地区石英含量为21.9%~54.6%,均值 37.7%,黏土矿物含量为 48.1%~73.4%,均值58.6%;南段隰县地区石英含量为 9.9%~51.2%,均值 31.8%,黏土矿物含量为 11.3%~81%,均值46.1%。同时,孙彩蓉(2017)认为鄂尔多斯盆地东缘由北向南泥页岩矿物种类呈增加趋势,北部矿物种类单一,其中黏土矿物由北向南呈减少趋势,这一规律在高岭石含量中表现得尤为明显。

总体来说,华北中部晚古生代煤系泥页岩的组成中石英和黏土矿物占主导地位,盆地空间上分布表现为黏土矿物含量由盆地北部至南部呈逐渐降低的趋势,以高岭石含量的减少最为明显。盆地煤系层位垂向变化表现为太原组黏土矿物含量低于山西组,而石英含量略高于山西组。这一变化趋势很大程度上受华北中部晚古生代的古构造形成的源汇沉积体系控制。

4.1.4 有机岩石学特征

沉积岩中有机岩石学特征能够很好地反映沉积期的物源条件,能够对古环境、古气候的判别有一定的指示。通过对华北中部煤系太原组和山西组泥页岩样品有机质显微组分观察,认为该目的层位普遍含有镜质体和惰质体,少见壳质体(图 4-8)。太原组煤系泥页岩与煤岩样品中,观察到了藻类体/结构藻类体[图 4-8(a)~(c)],这类组分通常来源于水生低等植物(藻类),其指示了太原组沉积期存在海相有机质的输入事件。此外,太原组泥页岩样品中还发现了以孢粉体(小孢子体)和角质体为主要成分的陆源壳质组[图 4-8(d)、(e)],指示着来源于陆相高等植物的有机质输入。太原组样品中的镜质组以无结构镜质体居多[图 4-8(f)],通常呈细小的碎片化或颗粒化分布在黏土矿物之间。

山西组煤系煤与页岩样品中镜质组含量较高,其中可见均质镜质体发育,呈较大的片状分布[图 4-8(g)、(h)];惰质组中可见丝质体(氧化丝质体)和半丝质体[图 4-8(i)、(j)];壳质组中可见孢粉体(小孢子体)和树脂体[图 4-8(k)、(l)],未见藻类体。山西组煤系样品的煤岩显微组分指示着一种以陆相物源有机质为主的沉积体系,未见明显的海相有机质输入。

基于煤系样品有机岩石学结果可知,华北中部煤系烃源岩以混合型有机质输入为特征,太原组沉积期有明显的海相有机质输入,而山西组主要以陆相有机质为主。这一现象在鄂尔多斯盆地东缘中段的煤系泥页岩和煤层中普遍

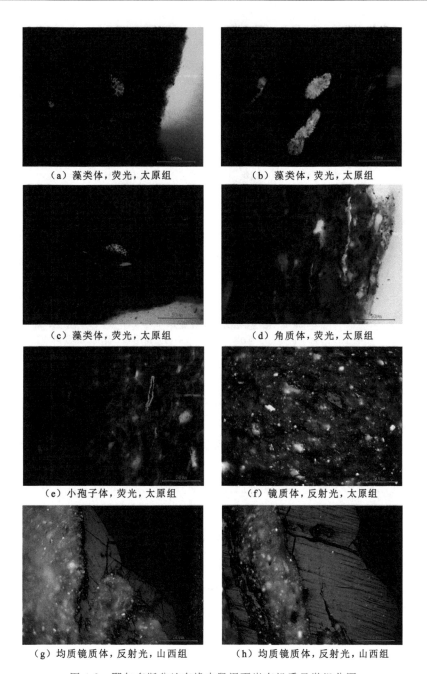

（a）藻类体，荧光，太原组　　　　　（b）藻类体，荧光，太原组

（c）藻类体，荧光，太原组　　　　　（d）角质体，荧光，太原组

（e）小孢子体，荧光，太原组　　　　（f）镜质体，反射光，太原组

（g）均质镜质体，反射光，山西组　　（h）均质镜质体，反射光，山西组

图 4-8　鄂尔多斯盆地东缘中段泥页岩有机质显微组分图

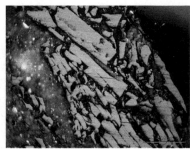

（i）氧化丝质体，反射光，山西组　　　　　（j）半丝质体，反射光，山西组

（k）小孢子体（堆），荧光，山西组　　　　（l）树脂体，荧光，山西组

图 4-8　（续）

出现。海相沉积体系中，缺氧滞留的还原环境有利于水生浮游生物遗体的富集和保存，同时较低的热演化程度使得泥页岩中的浮游生物遗体在热演化进程中不被破坏，进而可以观察到丰富的藻质体。然而，尽管沁水盆地和鄂尔多斯盆地东缘南段在煤系沉积期存在一定的海相有机质输入，但其较高的热演化程度已经破坏了低等浮游生物遗体，因而在该区未能观察到此类显微组分。

4.2　有机地球化学特征

有机地球化学指标是判断沉积有机质来源、类型与烃源岩质量的良好参数。沉积有机质的类型指示有机质来源，是判断沉积环境的重要依据。沉积有机质是煤系烃源岩油气生成的物质基础，其决定着烃源岩储层的资源勘探开发潜力。沉积有机质的热成熟度是描述有机质向石油转化的热力反应的程度，指示判断有机质成熟开始大量生成石油、凝析气及裂解甲烷的深度及温度。因此，开展煤系烃源岩有机地球化学分析是进行盆地沉积与构造热演化分析的必要手段，是认识盆地油气生成与赋存机理的先决条件。

4.2.1 岩石热解

岩石热解方法通过按预置升温过程进行的热解来预测岩石中的含油潜力。热解仪释放的烃类通过检测热解峰值 S_1（热挥发的游离烃）、S_2（有机质降解生成烃）和产生的 CO 和 CO_2，得到有机质氧化状态参数，确定样品的总有机碳和矿物碳含量。本次测试采用广泛用于揭示烃源岩成熟度和生烃潜力的 Rock-Eval 6 型分析仪对粉末样品进行岩石热解分析。在实验中，以 25 ℃/min 的速度加热粉末状的岩屑，从 300 ℃ 开始，到 700 ℃ 结束。岩石热解过程采用 Behar 等（2001）所描述的方法，获得烃源岩的氢指数（HI）和最高热解温度（T_{max}）。由于 T_{max} 的精度高度依赖仪器的设置和校准，因此在本实验中，探头直接与坩埚接触，当 S_2 达到峰值时，可以准确测量样品温度。测试前，我们选择两个标准样品进行岩石热解测试，然后将测量值与标准样品参数进行比较。若测量值接近参考值，则表明仪器的测试结果是可靠的，可以对实验样品进行测试。每 10 个样品测试后，我们对标准进行一次校准测试，直到误差达到可接受的范围，然后进行下一组测试。岩石热解分析实验中，我们对 37 件煤系泥页岩和煤样品进行了测试，其中包含鄂尔多斯盆地东缘样品 18 件和沁水盆地样品 19 件。本次实验样品均来自煤系太原组和山西组地层，其中太原组样品 15 件、山西组样品 22 件。测试结果见表 4-2 和表 4-3。

鄂尔多斯盆地东缘南段大吉地区太原组和山西组烃源岩 T_{max} 值范围为 601～605 ℃，对应过成熟阶段。游离烃 S_1 值为 0.02～0.09 mg/g，热解烃 S_2 值为 0.22～9.85 mg/g，有机二氧化碳 S_3 值为 0.09～0.88 mg/g，产烃潜量为 0.24～9.94 mg/g，烃指数 S_1/TOC 为 0.08～0.98 mg/g·TOC，氢指数 HI 为 5～11 mg/g·TOC，氧指数 OI 为 1～4 mg/g·TOC（表 4-2）。鄂尔多斯盆地东缘中段临兴地区太原组和山西组烃源岩 T_{max} 值范围为 414～476 ℃，对应低成熟到成熟阶段。游离烃 S_1 值为 0.02～1.16 mg/g，热解烃 S_2 值为 0.08～7.15 mg/g，有机二氧化碳 S_3 值为 0.14～3.46 mg/g，产烃潜量为 0.24～9.94 mg/g，烃指数 S_1/TOC 为 3.16～36.36 mg/g·TOC，氢指数 HI 为 34～102 mg/g·TOC，氧指数 OI 为 3～468 mg/g·TOC（表 4-2）。依据 T_{max} 和 HI 的关系可得[图 4-9(a)]，现今烃源岩地化指标所指示的干酪根类型均为Ⅲ型干酪根，这主要是由于鄂尔多斯盆地东缘经历了中等至较高程度的热变质作用，使得Ⅰ型和Ⅱ型干酪根分解，呈现出仅包含Ⅲ型干酪根的特征。同时，S_2 和 TOC 的关系指示该区南段烃源岩（尤其是煤岩）生烃潜力较好，而中段部分样品质量较低[图 4-9(b)]。

表 4-2　鄂尔多斯盆地东缘煤系太原组和山西组烃源岩有机地球化学参数

区块	层位	样品编号	埋深/m	岩性	T_{max}/℃	S_1/(mg/g)	S_2/(mg/g)	S_3/(mg/g)	S_1+S_2/(mg/g)	S_1/TOC/(mg/g·TOC)	HI/(mg/g·TOC)	OI/(mg/g·TOC)	TOC/%
南段	山西组	DJ-1	1 354	页岩	601	0.03	0.26	0.15	0.29	0.56	5	3	5.47
		DJ-2	1 355	页岩	604	0.05	0.28	0.16	0.33	0.89	5	3	5.57
	太原组	DJ-3	1 361	碳质页岩	603	0.05	2.68	0.56	2.73	0.14	7	2	35.55
		DJ-4	1 412	碳质页岩	604	0.08	2.91	0.62	2.99	0.2	7	2	38.73
		DJ-5	1 417	页岩	603	0.03	0.6	0.14	0.63	0.33	7	2	9.09
		DJ-6	1 432	煤	603	0.09	9.85	0.72	9.94	0.11	12	1	85.43
		DJ-7	1 433	煤	602	0.06	8.47	0.88	8.53	0.08	11	1	79.46
		DJ-8	1 441	页岩	605	0.02	0.22	0.09	0.24	0.98	11	4	1.95
中段	山西组	LS-1	1 773	泥岩	447	0.15	0.61	0.22	0.76	20.83	85	31	0.69
		LS-2	1 781	泥岩	475	0.05	0.25	3.46	0.3	6.76	34	468	0.73
		LS-3	1 785	碳质泥岩	465	1.16	7.15	0.21	8.31	16.57	102	3	7.23
		LS-4	1 786	页岩	462	0.62	1.98	0.25	2.6	30.85	99	12	1.94
		LS-5	1 788	泥岩	414	0.03	0.14	0.17	0.17	21.43	100	121	0.13
		LS-6	1 827	页岩	439	0.04	0.1	0.21	0.14	36.36	91	191	0.12
	太原组	LS-7	1 834	泥岩	459	0.03	0.42	0.16	0.45	3.16	44	17	0.97
		LS-8	1 836	泥岩	476	0.02	0.08	0.22	0.1	9.09	36	100	0.21
		LS-9	1 854	泥岩	465	0.03	0.35	0.14	0.38	3.33	39	16	0.93
		LS-10	1 863	泥岩	436	0.05	0.27	0.38	0.32	18.52	100	141	0.28

注：T_{max}表示最高热解温度；S_1表示游离烃；S_2表示热解烃；S_3表示有机二氧化碳；HI表示氢指数；OI表示氧指数；TOC表示实测有机碳含量。

表 4-3　沁水盆地煤系太原组和山西组烃源岩有机地球化学参数

区块	层位	样品编号	埋深/m	岩性	T_{max}/℃	S_1/(mg/g)	S_2/(mg/g)	S_3/(mg/g)	S_1+S_2/(mg/g)	S_1/TOC/(mg/g·TOC)	HI/(mg/g·TOC)	OI/(mg/g·TOC)	TOC/%
南部	山西组	QN-1	1 116	泥岩	447	0.02	0.2	4.34	0.22	0.94	9	205	2.1
		QN-2	1 119	泥岩	568	0.01	0.16	0.44	0.17	1.23	20	54	0.78
		QN-3	1 121	泥岩	565	0.03	0.14	0.23	0.17	5.08	24	39	0.61
		QN-4	1 122	泥岩	585	0.02	0.88	0.23	0.9	0.35	15	4	5.68
	太原组	QN-5	1 126	煤	590	0.14	11.62	1.27	11.76	0.17	14	2	82.56
		QN-6	1 138	煤	593	0.09	11.26	1.03	11.35	0.11	14	1	86.18
		QN-7	1 141	泥岩	591	0.02	0.44	0.13	0.46	0.65	14	4	3.16
北部	山西组	QB-1	341	泥岩	583	0.02	0.24	0.49	0.26	1.29	15	32	9.63
		QB-2	359	页岩	606	0.01	0.2	0.23	0.21	0.35	7	8	2.77
		QB-3	380	泥岩	604	0.01	0.21	0.23	0.22	0.32	7	7	3.02
		QB-4	384	泥岩	596	0.02	0.57	0.27	0.59	0.45	13	6	4.58
		QB-5	417	泥岩	598	0.01	0.13	0.18	0.14	0.85	11	15	1.15
		QB-6	442	页岩	601	0.01	0.09	0.17	0.1	1	9	17	1.17
	太原组	QB-7	463	煤	605	0.09	9.63	1.49	9.72	0.1	11	2	88.54
		QB-8	464	煤	601	0.03	9.27	1.43	9.3	0.04	11	2	81
		QB-9	468	煤	603	0.05	9.98	1.72	10.03	0.06	11	2	91.4
		QB-10	482	页岩	603	0.02	0.32	0.14	0.34	0.64	10	5	3.14
		QB-11	486	页岩	599	0.01	0.21	0.24	0.22	0.52	11	12	1.96
		QB-12	490	页岩	606	0.02	0.46	0.17	0.48	0.4	9	3	1.75

注:T_{max} 表示最高热解温度;S_1 表示游离烃;S_2 表示热解烃;S_3 表示有机二氧化碳;HI 表示氢指数;OI 表示氧指数;TOC 表示实测有机碳含量。

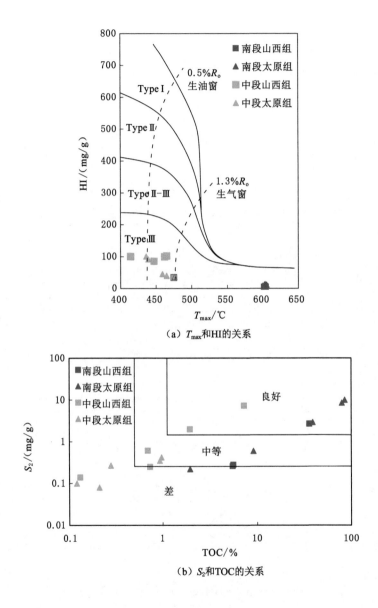

（a）T_{max}和HI的关系

（b）S_2和TOC的关系

图 4-9　鄂尔多斯盆地东缘煤系样品有机地球化学参数关系图

沁水盆地南部马必地区太原组和山西组烃源岩 T_{max} 值范围为 447～591 ℃,对应成熟至过成熟阶段。游离烃 S_1 值为 0.01～0.14 mg/g,热解烃 S_2 值为 0.14～11.62 mg/g,有机二氧化碳 S_3 值为 0.13～4.34 mg/g,产烃潜量为 0.17～11.76 mg/g,烃指数 S_1/TOC 为 0.11～5.08 mg/g·TOC,氢指数 HI 为 9～24 mg/g·TOC,氧指数 OI 为 1～205 mg/g·TOC(表 4-3)。沁水盆地北部地区太原组和山西组烃源岩 T_{max} 值范围为 583～606 ℃,对应高成熟至过成熟阶段。游离烃 S_1 值为 0.01～0.09 mg/g,热解烃 S_2 值为 0.09～9.98 mg/g,有机二氧化碳 S_3 值为 0.14～1.72 mg/g,产烃潜量为 0.1～10.03 mg/g,烃指数 S_1/TOC 为 0.04～1.29 mg/g·TOC,氢指数 HI 为 7～15 mg/g·TOC,氧指数 OI 为 2～32 mg/g·TOC(表 4-3)。T_{max} 和 HI 的关系指示沁水盆地煤系烃源岩经历了较强的热演化进程,现今达到了生油气的死限,因而有机质类型表现出均为Ⅲ型干酪根[图 4-10(a)]。S_2 和 TOC 的关系表明该区煤岩表现出较好的生烃潜力,部分烃源岩样品已经达到了生烃死限,因而表现出较低的品质[图 4-10(b)]。

4.2.2　有机碳含量

烃源岩中总有机碳的含量往往能够反映沉积期有机质的丰度,是指示烃源岩质量好坏的关键物质条件基础。总有机碳实验测试在中国地质科学院地质研究所进行,使用的仪器为 LECO CS-230 型碳硫分析仪,执行标准为《沉积岩中总有机碳的测定》(GB/T 19145—2003)。LECO CS-230 碳硫分析仪操作步骤为:① 检测前打开空气压缩机电源,将工作压力调至 0.28 MPa。开测量单元、控制单元的电源开关,稳定仪器 1 h 或更长时间。打开氧气瓶开关,将压力调至 0.25 MPa,稳定 20 min。② 校正仪器空白实验:取一经过高温(900 ℃)处理的瓷坩埚加入铁助熔剂 1.0 g,钨助熔剂 1.0 g,测定结果碳含量应不大于0.005%。选取高、中、低含量的钢标样进行测定,分析结果的误差不得超过钢标样规定的允许值,否则调整校正系数重新测定标样,直到所有标样均符合要求。③ 样品测定手动输入样品质量,分别向烘干的样品瓷坩埚中加入铁助熔剂 1.0 g、钨助熔剂 1.0 g,将瓷坩埚顺序放在自动进样器上,选择自动分析方式,按分析键开始进行样品分析测定。按设定清扫时间,刷燃烧管,并插入标样检测仪器,标样测定结果的误差不得超过标样规定的允许值。否则,重复上述步骤,重新标定仪器。

测试结果表明(表 4-2、表 4-3),鄂尔多斯盆地东缘南段太原组和山西组煤系泥页岩总有机碳含量为 1.95%～38.73%(质量分数,下同),均值为

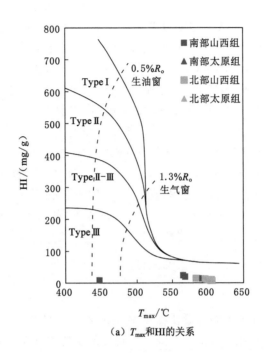

（a）T_{max}和HI的关系

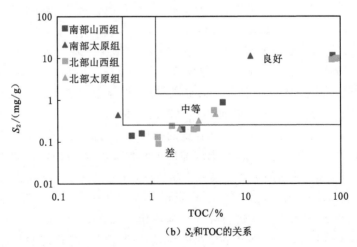

（b）S_2和TOC的关系

图 4-10　沁水盆地煤系样品有机地球化学参数关系图

16.06％；中段太原组和山西组煤系泥页岩总有机碳含量为 0.12％～7.23％，均值为 1.32％。沁水盆地南部太原组和山西组煤系泥页岩总有机碳含量为 0.61％～5.68％，均值为 2.47％；北部太原组和山西组煤系泥页岩总有机碳含量为 1.15％～9.63％，均值为 3.24％。依据样品中总有机碳的含量，可知研究区煤系烃源岩的有机质丰度相对较高，大部分属于富有机质泥页岩的范畴。同时也可以发现，不同区域同一层位的煤系泥页岩有机质丰度有着显著的差异，同一地区不同层位的煤系泥页岩有机质丰度也存在着不同。这种区域横向上和地层垂向上的有机质富集分异特征与盆地煤系沉积期的古环境和古气候密切相关。

4.2.3　热成熟度

有机质热成熟度是反映烃源岩进入不同油气生成阶段的直接判断依据，是油气资源评价的重要参数。通常，镜质组反射率被认为是衡量沉积有机质热成熟度的最可靠的参数（Barker，1996；Tissot et al.，1974）。本次研究中，我们收集了鄂尔多斯盆地东缘和沁水盆地太原组与山西组煤系烃源岩近 100 件样品，进行了镜质组反射率实验测试。本次实验是在中国矿业大学煤层气资源与成藏过程教育部重点实验室和江苏省矿产设计研究院完成的。实验测试前，采集的岩芯和井下样品经过人工分选，挑选出未遭受风化的样品进行碎样，并依据《全岩光片显微组分鉴定及统计方法》（SY/T 6414—2014）制作全岩光片。首先，我们将分选的泥页岩和煤岩样品机械破碎至 40～60 目，为了防止样品污染，碎样机在每件样品破碎后进行流水冲洗和酒精清洗；然后采用环氧树脂在磨具内对粉末样进行铸胶并搅拌均匀，避免气泡产生，待固结后进行抛光。抛光过程中，采用系列梯度目数的砂纸打磨，然后再采用氧化铝悬浮液进行机械抛光。而后对抛光完成后的样品进行光学显微镜观察，直至表面没有较多擦痕存在，即为可用于实验测试的样品。镜质体反射率测试采用的仪器为德国 ZEISS 公司的 AXIO Imager Mlm 型显微光度计，采用标样调试仪器精确度达到可接受范围（拟合度 0.999 9）后，对样品进行压片，滴油后放在载物台上，在镜下找到镜质组，并测定其反射率。为了达到精确值，在镜下测到 30～50 个测点后，计算平均值。同时，对样品中的显微组分进行鉴定与分析，记录典型显微组分特征，能够为沉积环境判别提供有机岩石学依据。

由于研究区范围较广，且涉及太原组和山西组煤系层位。因此，基于镜质组反射率测试结果，我们同时也收集了大量的前人发表过的研究成果，进行综合分析,以便得到更可靠的认识。测试及统计结果见表 4-4、表 4-5。

表 4-4　鄂尔多斯盆地东缘上古生界煤系烃源岩镜质组反射率统计表

盆地	区块	层位	样品编号	R_o/%	层位	样品号/地区	R_o/%
鄂尔多斯盆地东缘	南段	山西组	DJ-1	2.58	山西组（范文田 等，2019）	Y1	1.9
			DJ-2	2.79		Y3	1.92
			DJ-3	2.68		Y5	2.18
		太原组	DJ-4	3.01	太原组（范文田 等，2019）	Y8	2.18
			DJ-6	2.87		Y10	2.17
			DJ-7	3.12		Y12	2.21
			DJ-8	3.06		Y14	2.25
	中段	山西组	LS-1	0.97	山西组（傅宁 等，2016；谢英刚 等，2015）	临兴	0.86～1.19（均值1.07）
			LS-2	1.67		临兴4+5煤	1.01～1.19（均值1.12）
			LS-3	1.54			
			LS-4	1.33		神府	0.72～1.72（均值0.9）
			LS-5	0.71			
		太原组	LS-6	0.75	太原组（傅宁 等，2016；谢英刚 等，2015）	临兴	0.89～4.89（均值1.31）
			LS-7	0.92			
			LS-8	1.63		临兴8+9煤	1.16～1.36（均值1.29）
			LS-9	1.21		神府	0.6～1.29（均值0.92）
			LS-10	0.79			

　　鄂尔多斯盆地东缘南段大吉地区太原组和山西组烃源岩镜质组反射率为 2.58%～3.06%,属于干气生成阶段;盆地中段临兴地区煤系烃源岩镜质组反射率为 0.71%～1.67%,其成熟度对应的生油气阶段跨度较大,属于生油阶段和湿气生成阶段;盆地北部煤系烃源岩镜质组反射率基本低于 1.0%(赵可英,2015),对应早期生油或主要生油阶段(表 4-4)。鄂尔多斯盆地东缘由南至北镜质组反射率呈逐渐降低趋势,跨越早期生油阶段至干气生成阶段。沁水盆地南部太原组和山西组烃源岩镜质组反射率为 1.34%～2.72%,属于湿气生成和干气生成阶段;盆地北部地区太原组和山西组烃源岩镜质组反射率为 2.82%～3.21%,属于干气生成阶段,在煤级上对应无烟煤和超无烟煤序列。

沁水盆地总体上南北煤系烃源岩均表现出较高的成熟度分布趋势(表 4-5)。总体来说,华北地区晚古生代煤系烃源岩的镜质组反射率表现为:沁水盆地最高,鄂尔多斯盆地东缘南段、中段次之,鄂尔多斯盆地东缘北段最弱的分布趋势。不同盆地内部的不同区域,煤系烃源岩成熟度有着明显的差异;同一盆地的相同地区,煤系烃源岩成熟度在层位上也有着一定的差异。这种空间横向上和垂向上的分布差异性直接受盆地差异构造热演化的控制。

表 4-5　沁水盆地上古生界煤系烃源岩镜质组反射率统计表

盆地	区块	层位	样品编号	R_o/%	层位	样品号/孔号	R_o/%
沁水盆地	南部	山西组	QN-1	1.34	山西组 (付娟娟 等, 2016)	ZK1302-2	2.14
			QN-3	2.05		ZK1302-3	1.96
			QN-4	2.32		ZK1303-3	2.01
			QN-5	2.43		ZK1303-4	1.93
		太原组	QN-6	2.63		ZK11-5-2	2.17
			QN-7	2.72		ZK11-5-3	2.45
	北部	山西组	QB-1	2.82	太原组 (付娟娟 等, 2016)	ZK11-5-4	2.03
			QB-2	2.85		ZK1301-3	2.08
			QB-4	2.91		ZK1301-4	1.73
			QB-6	3.03		ZK1301-5	1.76
			QB-9	3.11		ZK1303-7	2.08
		太原组	QB-10	3.21		ZK1303-8	2.08
			QB-11	2.94		ZK1303-9	2.1
			QB-12	3.08		ZK11-5-5	2.35

4.3　元素地球化学特征

沉积岩中的地球化学元素是沉积盆地演化的示踪剂,在不同地质历史时期中盆地的演化进程最直接表现为地层岩性的变化,而这种变化往往伴随着元素组成上的差异分布。沉积岩中元素地球化学特征是用来判别物源区风化剥蚀条件、母岩成分、沉积与大地构造环境的可靠方法,对于古地理、古环境、古气候和古构造的重建具有重要意义(Jones et al.,1994;Dypvik et al.,2001;Culler,2000;范翔 等,2015)。因此,开展华北克拉通上古生界煤系泥岩、页岩及煤的元素地球化学特征分析,对于定性-半定量地揭示煤系沉积环境与区域构造演化机制有重要的参考价值。

4.3.1 主量元素

主量元素在碎屑岩元素中占有较大的丰度,在判别碎屑岩的物源与古环境条件中具有较好的指示。研究区晚古生界太原组和山西组的泥岩、页岩及煤的主量元素测试结果见表 4-6、表 4-7。鄂尔多斯盆地东缘南段太原组和山西组烃源岩中 SiO_2 含量为 $3.68\%\sim66.52\%$,均值为 35.21%;TiO_2 含量为 $0.03\%\sim1.41\%$,均值 0.67%;Al_2O_3 含量为 $2.98\%\sim26.34\%$,均值为 15.93%;Fe_2O_3 含量为 $0.07\%\sim7.72\%$,均值 3.35%;MnO 含量为 $0\sim1.46\%$,均值 0.22%;MgO 含量为 $0.08\%\sim0.89\%$,均值 0.56%;CaO 含量为 $0.09\%\sim6.02\%$,均值为 1.18%;Na_2O 含量为 $0.03\%\sim0.37\%$,均值为 0.21%;K_2O 含量为 $0.03\%\sim2.38\%$,均值 1.40%;P_2O_5 含量为 $0\sim0.46\%$,均值为 0.11%。总体上,主量元素组成以 SiO_2、Al_2O_3 为主,二者含量基本占 $74\%\sim86\%$(未考虑烧失量较多的样品),Fe_2O_3 次之,TiO_2、MnO、MgO、CaO、K_2O 及 P_2O_5 中的含量为相对较少。SiO_2、Al_2O_3 和 CaO 的浓度大致分别代表了泥岩、页岩及煤样品中石英、黏土矿物和碳酸盐矿物的丰度(Ross et al.,2009)。鄂尔多斯盆地东缘中段太原组和山西组烃源岩中 SiO_2 含量为 $1.28\%\sim68.04\%$,均值 43.55%;TiO_2 含量为 $0.02\%\sim1.03\%$,均值为 0.61%;Al_2O_3 含量为 $0.39\%\sim22.92\%$,均值为 14.54%;Fe_2O_3 含量为 $0.07\%\sim9.83\%$,均值为 4.32%;MnO 含量为 $0\sim0.39\%$,均值为 0.08%;MgO 含量为 $0.29\%\sim1.54\%$,均值为 0.88%;CaO 含量为 $0.13\%\sim55.00\%$,均值为 16.57%;Na_2O 含量为 $0\sim1.42\%$,均值为 0.31%;K_2O 含量为 $0.01\%\sim3.34\%$,均值为 1.87%;P_2O_5 含量为 $0.01\%\sim0.23\%$,均值为 0.07%(表 4-6)。该区块元素组成仍然以 SiO_2、Al_2O_3 为主,二者含量基本占 $77\%\sim88\%$(未考虑烧失量较多的样品),Fe_2O_3 次之。然而,太原组部分样品中 CaO 的含量超过 50%,结合该层位中岩芯样品可见较多方解石脉发育的情况,考虑样品可能是受热液活动影响,导致 Ca 的含量较多的原因。盆地东缘中段煤系烃源岩中具有较低浓度的 TiO_2、MnO、MgO、K_2O 及 P_2O_5,这与南段的相应元素的浓度分配相似。

沁水盆地南部太原组和山西组烃源岩的 SiO_2 含量为 $1.48\%\sim66.22\%$,均值为 42.96%;TiO_2 含量为 $0.05\%\sim1.08\%$,均值为 0.70%;Al_2O_3 含量为 $1.24\%\sim24.62\%$,均值为 16.46%;Fe_2O_3 含量为 $0.28\%\sim39.44\%$,均值为 4.07%;MnO 含量为 $0\sim0.79\%$,均值为 0.08%;MgO 含量为 $0.05\%\sim$

表 4-6　鄂尔多斯盆地东缘南段及中段晚古生代煤系烃源岩主量元素含量

区块	层位	样品编号	SiO₂ /%	TiO₂ /%	Al₂O₃ /%	Fe₂O₃ /%	MnO /%	MgO /%	CaO /%	Na₂O /%	K₂O /%	P₂O₅ /%	Loss on /%	Sum /%	P/Al
南段	山西组	DJ-1	49.07	1.01	25.23	5.83	0.01	0.69	0.15	0.35	2.30	0.07	16.06	100.76	0.002
		DJ-2	49.15	1.03	26.34	4.69	0.01	0.72	0.15	0.37	2.38	0.06	15.46	100.36	0.002
		DJ-3	19.34	0.41	10.31	7.72	1.46	0.89	6.02	0.21	0.90	0.46	50.56	98.27	0.036
	太原组	DJ-5	52.71	0.75	21.34	3.77	0.03	0.78	0.27	0.28	1.99	0.13	17.98	100.04	0.005
		DJ-6	3.68	0.03	2.98	0.07	0.00	0.11	1.41	0.04	0.05	0.00	90.98	99.35	0.001
		DJ-7	6.00	0.08	5.15	0.30	0.01	0.08	0.15	0.03	0.03	0.00	88.17	99.99	0.000
		DJ-8	66.52	1.41	20.14	1.05	0.01	0.65	0.09	0.16	2.13	0.04	8.51	100.71	0.002
中段	山西组	LS-0	65.10	0.67	18.13	6.25	0.03	0.86	0.58	1.42	1.34	0.02	6.18	100.57	0.001
		LS-1	65.10	0.66	17.93	6.84	0.04	0.90	0.57	1.24	1.32	0.02	6.01	100.64	0.001
		LS-2	58.15	0.84	22.92	4.66	0.01	1.43	0.21	0.17	3.34	0.10	8.15	99.97	0.003
		LS-3	58.11	0.90	21.75	7.29	0.03	1.42	0.39	0.19	3.14	0.20	7.42	100.83	0.008
		LS-4	55.81	0.85	21.83	9.83	0.05	1.54	0.27	0.23	3.26	0.04	6.37	100.07	0.002
		LS-5	67.71	1.03	20.38	1.27	0.00	0.36	0.17	0.15	2.44	0.03	6.48	100.01	0.001
		LS-6	68.04	1.02	19.54	1.40	0.00	0.35	0.13	0.17	2.89	0.03	6.57	100.13	0.001
		LS-7	56.40	0.87	22.02	8.83	0.05	1.48	0.28	0.22	3.31	0.04	6.56	100.07	0.002
		LS-8	58.22	0.91	21.65	7.16	0.03	1.41	0.43	0.22	3.09	0.23	7.43	100.77	0.009
	太原组	LS-9	6.58	0.03	0.88	1.18	0.37	0.57	50.64	0.03	0.08	0.10	40.02	100.48	0.093
		LS-10	4.29	0.06	1.21	1.25	0.39	0.49	51.79	0.03	0.09	0.07	40.63	100.29	0.049
		LS-11	1.28	0.02	0.41	0.14	0.00	0.30	55.00	0.00	0.02	0.01	43.00	100.17	0.012
		LS-12	1.37	0.02	0.39	0.07	0.00	0.29	54.98	0.00	0.01	0.01	42.87	100.01	0.017

表 4-7　沁水盆地晚古生代煤系烃源岩主量元素含量

区块	层位	样品编号	SiO₂ /%	TiO₂ /%	Al₂O₃ /%	Fe₂O₃ /%	MnO /%	MgO /%	CaO /%	Na₂O /%	K₂O /%	P₂O₅ /%	Loss on /%	Sum /%	P/Al
南部	山西组	QN-0	60.76	1.08	23.28	2.08	0.03	0.63	0.24	0.92	3.67	0.12	7.09	99.9	0.004
		QN-1	18.99	0.38	7.78	39.44	0.79	1.62	3.4	0.36	1.33	1.99	23.19	99.27	0.208
		QN-1-1	57.32	1.02	20.61	6.33	0.14	0.87	0.52	0.89	3.14	0.23	8.58	99.63	0.009
		QN-2	61.21	0.84	20.79	3.85	0.09	0.53	0.28	0.89	2.64	0.11	8.09	99.31	0.004
		QN-2-1	59.56	0.96	21.22	4.36	0.1	0.58	0.29	0.86	3.1	0.11	8.38	99.51	0.004
		QN-3	61.18	1.02	23.03	1.96	0.03	0.56	0.17	0.79	2.95	0.07	7.62	99.37	0.002
		QN-3-1	60.14	1.04	24.62	1.78	0.03	0.55	0.21	0.77	3.05	0.07	7.68	99.95	0.002
		QN-4	58.05	1.01	21.71	5.31	0.16	0.67	0.3	0.78	2.57	0.12	8.96	99.63	0.004
		QN-5	61.25	1.03	22.78	2.3	0.04	0.55	0.18	0.77	2.8	0.08	7.64	99.44	0.003
	太原组	QN-6-0	60.29	1.07	22.83	1.61	0.02	0.53	0.15	0.73	2.61	0.09	9.44	99.37	0.003
		QN-6-1	2.76	0.05	2.26	0.77	0	0.08	4.87	0.08	0.05	3.66	84.68	99.28	1.317
		QN-6-2	6.03	0.11	3.79	0.28	0	0.07	0.49	0.12	0.12	0.08	88.49	99.59	0.017
		QN-6-3	1.48	0.06	1.24	0.31	0	0.05	0.15	0.05	0.01	0.05	96.42	99.81	0.033
		QN-6-4	4.24	0.08	3.48	0.59	0	0.12	1.55	0.09	0.06	0.01	89.22	99.45	0.002
		QN-7-1	12.36	0.17	9.87	0.35	0	0.08	0.3	0.17	0.19	0.02	76.39	99.9	0.002
		QN-7-2	60.48	1	23.58	0.55	0	0.37	0.11	0.75	2.79	0.05	9.92	99.61	0.002
		QN-7-3	60.88	1.05	22.84	0.68	0	0.38	0.15	0.61	2.6	0.06	10.24	99.49	0.002
		QN-8	66.22	0.71	20.59	0.74	0	0.29	0.1	0.7	2.17	0.05	8.38	99.94	0.002

表 4-7(续)

区块	层位	样品编号	SiO₂/%	TiO₂/%	Al₂O₃/%	Fe₂O₃/%	MnO/%	MgO/%	CaO/%	Na₂O/%	K₂O/%	P₂O₅/%	Loss On/%	Sum/%	P/Al
北部	山西组	QB-1	40.93	0.73	29.02	1.50	0.00	0.30	0.13	0.21	0.30	0.04	27.32	100.47	0.001
		QB-1-1	51.77	0.53	16.74	2.92	0.00	0.89	0.21	0.61	2.59	0.06	23.76	100.08	0.003
		QB-2	51.84	0.84	24.06	6.96	0.19	0.91	0.42	0.87	3.12	0.15	11.01	100.36	0.005
		QB-2-1	46.01	0.93	37.24	1.17	0.00	0.37	0.17	0.48	1.00	0.04	13.14	100.54	0.001
		QB-3	7.96	0.26	5.51	2.05	0.01	0.11	0.21	1.51	0.15	0.01	82.03	99.82	0.002
		QB-3-1	61.02	0.70	19.93	4.67	N	0.94	0.25	0.62	2.95	0.13	9.19	100.39	0.005
		QB-4	60.31	0.85	21.49	2.56	0.01	1.01	0.20	0.63	3.00	0.07	10.38	100.51	0.003
		QB-4-1	53.05	0.78	18.86	7.38	0.44	1.61	1.19	0.53	2.98	0.24	13.14	100.19	0.010
		QB-5	54.69	0.86	22.13	5.43	0.24	1.45	1.11	0.65	3.14	0.25	10.46	100.39	0.009
		QB-5-1	53.49	0.89	22.75	5.06	0.18	1.33	1.24	0.63	2.66	0.29	11.19	99.71	0.010
		QB-6	53.54	0.88	22.87	4.61	0.17	1.38	1.85	0.68	2.80	0.47	11.11	100.36	0.017
	太原组	QB-7	23.89	0.98	17.34	3.49	0.00	0.15	0.16	0.26	0.35	0.03	53.76	100.41	0.001
		QB-8	47.81	0.77	24.98	8.12	0.25	0.82	0.23	0.39	2.59	0.12	14.06	100.14	0.004
		QB-9	15.45	0.31	10.74	0.34	0.00	0.13	0.08	0.10	0.36	0.01	72.71	100.22	0.001
		QB-10	63.29	0.75	19.19	2.73	0.01	1.03	0.17	0.70	3.95	0.08	8.78	100.66	0.003
		QB-10-1	59.36	0.79	21.02	5.07	0.05	1.30	0.48	0.68	4.47	0.15	7.42	100.79	0.006
		QB-10-2	46.86	0.57	20.26	7.00	0.06	0.75	0.27	0.49	2.29	0.14	22.00	100.67	0.006
		QB-11	52.32	0.61	29.75	2.55	0.10	0.51	0.17	0.68	2.53	0.10	11.25	100.57	0.003
		QB-11-1	50.84	0.58	15.30	4.39	0.15	4.32	6.64	0.54	2.41	0.17	15.21	100.56	0.009
		QB-12	65.35	0.36	11.24	7.93	0.09	1.49	2.06	0.99	1.22	0.11	8.76	99.61	0.008
		QB-12-1	50.20	0.64	26.17	1.02	0.00	0.45	0.15	0.68	1.39	0.08	19.83	100.61	0.002
		QB-13	50.43	0.80	27.41	2.67	0.00	0.35	0.13	0.63	1.13	0.06	16.85	100.45	0.002
		QB-14	57.51	0.61	21.82	4.65	0.08	1.07	0.89	0.86	1.14	0.10	11.56	100.29	0.004
		QB-15	1.36	0.02	1.17	1.03	0.00	0.11	1.24	0.03	0.05	0.30	94.21	99.53	0.209

1.62%,均值为 0.47%;CaO 含量为 0.10%~4.87%,均值为 0.75%;Na$_2$O 含量为 0.05%~0.92%,均值为 0.57%;K$_2$O 含量为 0.01%~3.67%,均值为 1.99%;P$_2$O$_5$ 含量为 0.01%~3.66%,均值为 0.39%。元素组成中 SiO$_2$ 和 Al$_2$O$_3$ 占主导地位,基本占 41%~87%(同上),Fe$_2$O$_3$ 和 K$_2$O 含量次之,TiO$_2$、MnO、MgO、CaO 及 P$_2$O$_5$ 中的含量相对较少。沁水盆地北部太原组和山西组烃源岩中 SiO$_2$ 含量为 1.36%~65.35%,均值为 46.64%;TiO$_2$ 含量为 0.70%~0.98%,均值为 0.67%;Al$_2$O$_3$ 含量为 1.17%~37.24%,均值为 20.29%;Fe$_2$O$_3$ 含量为 0.34%~8.12%,均值为 3.97%;MnO 含量为 0~0.44%,均值为 0.09%;MgO 含量为 0.11%~4.32%,均值为 0.95%;CaO 含量为 0.75%~6.64%,均值为 0.82%;Na$_2$O 含量为 0.57%~1.51%,均值为 0.60%;K$_2$O 含量为 0.05%~4.47%,均值为 2.02%;P$_2$O$_5$ 含量为 0.39%~0.47%,均值为 0.13%(表 4-7)。元素组成中 SiO$_2$ 和 Al$_2$O$_3$ 含量为占优势地位,Fe$_2$O$_3$ 和 K$_2$O 含量次之,TiO$_2$、MnO、MgO、CaO 及 P$_2$O$_5$ 中的含量相对较少。沁水盆地南、北部的主量元素整体的分布趋势相似,但山西组和太原组之间的差异性比较明显,这主要取决于沉积期物源差异性。

4.3.2 微量元素

微量元素在地球系统中广泛参与各种地质过程,与各类地球化学作用密切相关,因此沉积体系中环境和气候等的地质变化必然在微量元素组成和含量上留下良好的记录。在盆地沉积体系中,各种地质作用过程中沉积物与水体之间存在复杂的地球化学平衡作用(高德燚 等,2017),伴随着微量元素种类和浓度的变化。因此,微量元素对沉积环境的变迁具有良好指示意义,这一方法也被广泛地应用于古环境、古气候的研究。华北地区主要晚古生代盆地的煤系烃源岩的主要微量元素组成(V、Cr、Co、Ni、Cu、Rb、Sr、Mo、Ba、Th、U 及 Ba-bio)和元素比值(V/Cr、U/Th、Ni/Co、Sr/Ba 及 Sr/Cu)分布见表 4-8、表 4-9。结果表明,鄂尔多斯盆地东缘南段煤系样品中 V 含量为 5.86~246.00 ppm(10^{-6}),均值为 121.24 ppm;Cr 含量为 5.09~124.30 ppm,均值为 71.9 ppm;Co 含量为 1.47~24.86 ppm,均值为 10.24 ppm;Ni 含量为 4.91~99.16 ppm,均值为 40.26 ppm;Cu 含量为 8.47~45.94 ppm,均值为 23.27 ppm;Rb 含量为 0.98~99.58 ppm,均值为 53.83 ppm;Sr 含量为 71.38~474.80 ppm,均值为 233.63 ppm;Zr 含量为 45.00~428.70 ppm,均值为 199.40 ppm;Mo 含量为 0.97~10.66 ppm,均值为 4.00 ppm;Ba 含量为 12.34~490.00 ppm,均值为

表 4-8　鄂尔多斯盆地东缘晚古生代煤系烃源岩微量元素含量及元素比值

单位:ppm

区块	层位	样号	V	Cr	Co	Ni	Cu	Rb	Sr	Zr	Mo	Ba	Th	U	V/Cr	Zr/Rb	U/Th	Ni/Co	Sr/Ba	Sr/Cu	Ba-bio
南段	山西组	DJ-1	246.00	124.30	20.15	61.01	28.12	95.85	301.30	259.70	2.20	474.10	24.02	6.95	1.98	2.71	0.29	3.03	0.64	10.71	413.67
		DJ-2	244.80	124.30	24.86	70.54	34.60	99.58	307.70	245.00	2.58	490.00	24.98	8.09	1.97	2.46	0.32	2.84	0.63	8.89	426.90
		DJ-3	92.45	56.68	10.70	99.16	45.94	29.12	474.80	132.10	10.66	266.90	19.48	9.37	1.63	4.54	0.48	9.27	1.78	10.34	242.21
		DJ-5	112.20	70.92	9.30	22.10	22.12	65.44	279.80	152.20	1.48	410.00	20.20	7.41	1.58	2.33	0.37	2.38	0.68	12.65	358.89
	太原组	DJ-6	5.86	5.09	1.47	6.19	8.47	1.88	98.43	45.00	8.16	14.63	1.40	1.54	1.15	23.93	1.10	4.21	6.73	11.62	7.49
		DJ-7	14.54	9.22	3.08	4.91	10.16	0.98	71.38	133.10	1.98	12.34	3.08	2.41	1.58	136.24	0.78	1.60	5.78	7.03	0.00
		DJ-8	132.80	112.80	3.36	17.94	13.49	83.93	102.00	428.70	0.97	416.00	21.97	5.49	1.18	5.11	0.25	5.33	0.25	7.56	367.76
中段	山西组	LS-0	54.19	53.62	11.75	27.48	30.48	44.59	249.40	196.10	2.04	528.90	11.55	1.83	1.01	4.40	0.16	2.34	0.47	8.18	485.48
		LS-1	54.11	54.50	11.96	26.82	28.46	51.41	272.40	168.20	2.80	556.70	13.29	1.86	0.99	3.27	0.14	2.24	0.49	9.57	513.75
		LS-2	89.00	63.27	15.97	30.38	33.33	126.70	157.80	200.30	1.99	505.90	19.07	3.59	1.41	1.58	0.19	1.90	0.31	4.73	451.01
		LS-3	90.11	62.30	16.95	31.00	41.06	103.35	135.00	199.80	0.75	533.60	16.58	3.10	1.45	1.93	0.19	1.83	0.25	3.29	481.50
		LS-4	85.16	63.99	22.77	37.31	34.12	130.36	141.50	173.50	1.17	447.60	15.32	1.92	1.33	1.33	0.13	1.64	0.32	4.15	395.31
		LS-5	66.45	50.33	2.36	15.16	20.41	91.17	118.00	513.70	0.77	560.50	20.91	3.15	1.32	5.63	0.15	6.42	0.21	5.78	511.69
		LS-6	75.14	314.10	4.48	66.11	27.90	94.49	118.70	483.80	9.70	639.40	19.31	3.35	0.24	5.12	0.17	14.76	0.19	4.25	592.59
		LS-7	93.73	51.94	22.72	33.35	39.91	140.88	153.70	192.00	0.67	493.10	16.87	2.20	1.80	1.36	0.13	1.47	0.31	3.85	440.34
		LS-8	89.79	59.54	17.46	31.78	39.59	101.32	144.50	196.70	1.06	561.30	16.86	3.12	1.51	1.94	0.18	1.82	0.26	3.65	509.44
	太原组	LS-9	7.11	10.38	3.64	27.28	7.60	4.30	370.10	8.17	0.73	48.40	0.61	2.24	0.69	1.90	3.67	7.49	7.65	48.71	46.29
		LS-10	9.25	12.13	3.97	27.72	7.76	5.60	336.90	11.47	2.15	47.96	0.75	1.83	0.76	2.05	2.45	6.98	7.02	43.40	45.07
		LS-11	1.09	38.28	2.89	73.74	7.36	2.21	136.00	3.20	6.12	9.61	0.48	0.23	0.03	1.45	0.49	25.52	14.15	18.47	8.63
		LS-12	68.23	10.35	4.23	32.15	98.67	3.42	127.90	2.34	5.32	543.70	0.53	2.35	6.59	0.68	4.41	7.60	0.24	1.30	542.76

注:Ba-bio表示生物成因 Ba 的含量。

表 4-9 沁水盆地晚古生代煤系烃源岩微量元素含量及元素比值

单位:ppm

区块	层位	样号	V	Cr	Co	Ni	Cu	Rb	Sr	Zr	Mo	Ba	Th	U	V/Cr	Zr/Rb	U/Th	Ni/Co	Sr/Ba	Sr/Cu	Ba-bio
南部	山西组	QN-0	119.30	71.99	20.53	41.63	28.66	154.11	207.55	290.08	2.08	791.98	17.77	3.80	1.66	1.88	0.21	2.03	0.26	7.24	670.35
		QN-1	88.21	77.32	20.41	38.62	26.42	130.76	204.78	269.25	2.35	735.43	17.40	3.45	1.14	2.06	0.20	1.89	0.28	7.75	694.78
		QN-1-1	92.73	64.72	25.04	38.99	17.37	107.02	177.19	246.22	2.11	608.11	14.35	2.65	1.43	2.30	0.18	1.56	0.29	10.20	500.42
		QN-2	107.60	67.46	20.16	31.64	20.25	130.06	193.57	274.67	1.62	761.81	17.17	3.17	1.60	2.11	0.18	1.57	0.25	9.56	653.18
		QN-2-1	108.62	63.12	11.39	27.63	21.44	135.30	186.54	278.04	0.78	692.29	16.86	3.31	1.72	2.05	0.20	2.43	0.27	8.70	581.42
		QN-3	128.43	69.07	21.93	38.82	27.75	139.31	169.99	275.48	1.59	715.73	17.03	5.05	1.86	1.98	0.30	1.77	0.24	6.13	595.41
		QN-3-1	104.80	70.09	9.74	24.97	23.76	118.10	188.98	281.75	1.02	652.81	17.28	3.34	1.50	2.39	0.19	2.56	0.29	7.95	524.18
		QN-4	107.70	67.79	6.76	25.68	23.01	128.21	186.23	287.90	1.35	650.75	16.75	3.43	1.59	2.25	0.20	3.80	0.29	8.09	537.32
		QN-5	104.31	69.84	22.19	32.75	25.32	120.37	172.48	262.60	1.64	629.97	15.74	3.63	1.49	2.18	0.23	1.48	0.27	6.81	510.95
	太原组	QN-6-0	119.14	73.61	19.87	40.93	27.27	156.18	208.10	278.94	2.07	796.73	17.33	3.67	1.62	1.79	0.21	2.06	0.26	7.63	677.45
		QN-6-1	5.82	5.15	19.33	20.55	5.07	2.02	1 045.74	25.75	1.98	156.27	1.12	0.31	1.13	12.72	0.28	1.06	6.69	206.20	144.47
		QN-6-2	12.70	8.41	14.61	19.37	9.50	5.30	132.27	59.85	1.88	88.47	2.68	2.91	1.51	11.30	1.09	1.33	1.50	13.92	68.67
		QN-6-3	5.69	17.70	1.70	11.72	6.60	0.52	158.85	14.59	2.61	45.51	0.67	0.30	0.32	28.12	0.45	6.89	3.49	24.07	39.04
		QN-6-4	8.79	5.88	4.59	16.99	10.24	1.91	149.78	40.88	2.32	49.95	2.44	0.84	1.49	21.37	0.35	3.70	3.00	14.63	31.76
		QN-7-1	8.69	14.44	8.57	23.41	9.74	8.73	74.26	49.42	2.07	215.79	4.10	1.98	0.60	5.66	0.48	2.73	0.34	7.62	164.22
		QN-7-2	91.50	54.91	2.57	13.89	21.75	108.54	149.36	379.23	0.88	508.64	16.02	4.13	1.67	3.49	0.26	5.41	0.29	6.87	385.45
		QN-7-3	91.78	62.30	6.71	15.18	27.52	98.88	144.51	356.52	0.89	437.04	14.69	4.60	1.47	3.61	0.31	2.26	0.33	5.25	317.71
		QN-8	63.26	40.29	3.54	14.66	10.20	69.32	164.32	311.35	1.09	355.43	9.72	2.50	1.57	4.49	0.26	4.14	0.46	16.11	247.85

表 4-9（续）

区块	层位	样号	V	Cr	Co	Ni	Cu	Rb	Sr	Zr	Mo	Ba	Th	U	V/Cr	Zr/Rb	U/Th	Ni/Co	Sr/Ba	Sr/Cu	Ba-bio
北部	山西组	QB-1	91.54	32.31	8.04	26.38	59.39	10.63	79.47	261.40	1.44	151.60	12.03	6.57	2.83	24.59	0.55	3.28	0.52	1.34	(0.00)
		QB-1-1	71.75	41.54	30.54	46.36	40.73	100.00	182.60	226.70	5.89	670.00	14.02	2.87	1.73	2.27	0.20	1.52	0.27	4.48	582.53
		QB-2	54.72	37.80	11.78	15.76	20.19	90.30	262.20	323.20	1.73	920.00	23.59	3.23	1.45	3.58	0.14	1.34	0.29	12.99	794.31
		QB-2-1	66.66	56.31	7.33	28.76	72.38	31.64	182.60	400.10	2.60	348.10	26.19	8.67	1.18	12.65	0.33	3.92	0.52	2.52	153.56
		QB-3	17.33	14.80	8.09	13.84	26.39	4.37	81.50	59.90	2.15	74.75	8.25	1.62	1.17	13.70	0.20	1.71	1.09	3.09	45.97
		QB-3-1	79.60	44.61	24.39	32.38	20.33	88.83	269.80	216.10	1.86	743.60	15.18	4.78	1.78	2.43	0.31	1.33	0.36	13.27	639.50
		QB-4	64.40	38.25	5.10	13.40	21.05	89.51	249.70	299.00	0.71	745.80	16.64	2.71	1.68	3.34	0.16	2.63	0.33	11.86	633.51
		QB-4-1	114.70	74.81	13.97	65.05	18.35	100.30	311.30	239.00	1.93	736.50	17.44	2.86	1.53	2.38	0.16	4.66	0.42	16.96	637.95
		QB-5	134.80	56.97	12.72	47.10	27.02	105.54	334.00	267.40	1.11	827.60	20.14	3.00	2.37	2.53	0.15	3.70	0.40	12.36	712.00
		QB-5-1	132.20	56.52	16.58	53.37	35.23	89.70	318.80	276.20	1.62	697.50	19.49	3.33	2.34	3.08	0.17	3.22	0.46	9.05	578.66
		QB-6	136.70	55.27	14.62	46.33	30.44	95.13	366.10	261.10	2.54	757.80	19.55	3.56	2.47	2.74	0.18	3.17	0.48	12.03	638.30
		QB-7	144.30	28.39	10.04	55.23	44.19	9.67	103.00	506.90	6.75	163.10	34.90	7.57	5.08	52.43	0.22	5.50	0.63	2.33	72.51
		QB-8	80.89	36.91	3.97	11.40	39.00	80.00	267.20	323.80	1.38	706.00	22.67	4.02	2.19	4.05	0.18	2.87	0.38	6.85	575.50
		QB-9	50.79	23.73	8.35	26.76	112.40	9.34	63.06	859.80	3.29	114.90	23.31	3.16	2.14	92.02	0.14	3.21	0.55	0.56	58.80
	太原组	QB-10	72.38	48.14	7.11	18.36	25.88	107.84	232.50	245.60	0.87	950.80	15.83	2.98	1.50	2.28	0.19	2.58	0.24	8.98	850.55
		QB-10-1	82.98	50.62	8.88	25.10	26.87	116.37	296.70	185.00	1.00	1192.00	16.01	3.00	1.64	1.59	0.19	2.83	0.25	11.04	1082.18
		QB-10-2	85.61	64.22	9.75	41.04	35.66	54.81	325.80	182.60	1.64	751.10	18.68	3.70	1.33	3.33	0.20	4.21	0.43	9.14	645.25
		QB-11	85.16	33.90	3.08	8.59	20.44	55.11	365.90	172.30	1.07	801.70	21.46	2.79	2.51	3.13	0.13	2.79	0.46	17.90	646.25
		QB-11-1	70.61	35.37	11.52	26.84	22.97	72.57	330.90	146.20	1.38	642.20	13.09	2.00	2.00	2.01	0.15	2.33	0.52	14.41	562.24
		QB-12	61.82	42.98	12.17	19.59	14.83	26.22	377.60	110.60	0.93	478.90	5.57	1.79	1.44	4.22	0.32	1.61	0.79	25.46	420.17
		QB-12-1	88.79	34.87	3.22	12.15	21.44	38.93	387.10	239.40	3.09	461.00	16.16	3.46	2.55	6.15	0.21	3.77	0.84	18.06	324.28
		QB-13	104.10	46.57	40.80	53.99	22.54	33.60	225.10	245.30	2.88	333.10	20.92	3.33	2.24	7.30	0.16	1.32	0.68	9.99	189.90
		QB-14	44.42	34.09	9.81	15.81	16.43	31.90	456.90	222.60	3.08	454.90	16.42	3.71	1.30	6.98	0.23	1.61	1.00	27.81	340.91
		QB-15	2.54	8.18	0.97	4.04	11.84	1.58	98.06	11.33	1.64	21.92	0.83	0.40	0.31	7.17	0.47	4.18	4.47	8.28	15.81

注：Ba-bio 表示生物成因 Ba 的含量。

297.71 ppm;Th 含量为 1.40~24.98 ppm,均值为 16.45 ppm;U 含量为1.54~
9.37 ppm,均值为 5.90 ppm。盆地东缘中段煤系样品中 V 含量为 1.09~
93.73 ppm,均值为 60.26 ppm;Cr 含量为10.35~314.10 ppm,均值为 64.98
ppm;Co 含量为 2.36~22.77 ppm,均值为 11.99 ppm;Ni 含量为 15.16~
73.74 ppm,均值为 35.41 ppm;Cu 含量为 7.36~98.67 ppm,均值为 32.05
ppm;Rb 含量为 2.21~140.88 ppm,均值为 69.22 ppm;Sr 含量为 118.00~
370.10 ppm,均值为 189.38 ppm;Zr 含量为 2.34~513.70 ppm,均值为 180.71
ppm;Mo 含量为 0.67~9.70 ppm,均值为 2.71 ppm;Ba 含量为 9.61~639.40
ppm,均值为421.28 ppm;Th 含量为0.48~20.91 ppm,均值为 11.70 ppm;U
含量为 0.23~3.59 ppm,均值为2.36 ppm(表 4-8)。与南段样品比较,盆地东
缘中段样品中 Ba 的含量为明显高于前者,而其他微量元素的含量低于或接
近于南段。微量元素空间分布的差异是煤系沉积期古环境、古气候差异性的
良好体现。

　　沁水盆地南部煤系样品中 V 含量为 5.69~128.43 ppm,均值为 76.06 ppm;Cr
含量为 5.15~77.32 ppm,均值为 50.23 ppm;Co 含量为 1.70~25.04 ppm,均
值为 13.31 ppm;Ni 含量为 11.72~41.63 ppm,均值为 26.52 ppm;Cu 含量为
5.07~28.66 ppm,均值为 18.99 ppm;Rb 含量为 0.52~156.18 ppm,均值为
89.70 ppm;Sr 含量为 72.26~1045.74 ppm,均值为 217.47 ppm;Zr 含量为
14.59~379.23 ppm,均值为 221.25 ppm;Mo 含量为 0.78~2.61 ppm,均值为
1.68 ppm;Ba 含量为 45.51~796.73 ppm,均值为 494.04 ppm;Th 含量为
0.67~17.77 ppm,均值为 12.17 ppm;U 含量为 0.30~5.05 ppm,均值为 2.95
ppm。盆地北部煤系样品中 V 含量为 2.54~144.30 ppm,均值为 80.78 ppm;
Cr 含量为 8.18~74.81 ppm,均值为 41.55 ppm;Co 含量为 0.97~40.80 ppm,
均值为 11.78 ppm;Ni 含量为 4.04~65.05 ppm,均值为 29.48 ppm;Cu 含量
为 11.84~112.40 ppm,均值为 32.75 ppm;Rb 含量为 1.58~116.37 ppm,均
值为 60.16 ppm;Sr 含量为 63.06~456.90 ppm,均值为 257.00 ppm;Zr 含量
为 11.33~859.80 ppm,均值为 261.73 ppm;Mo 含量为 0.71~6.75 ppm,均值
为 2.19 ppm;Ba 含量为 21.92~1 192.00 ppm,均值为 572.70 ppm;Th 含量为
0.83~34.90 ppm,均值为 17.43 ppm;U 含量为 0.40~8.67 ppm,均值为 3.54
ppm(表 4-9)。沁水盆地南部和北部煤系样品中的大多数微量元素含量相当,
北部 Cu 和 Ba 元素含量高于南部,南部 Rb 元素含量高于北部。

　　前人研究表明,Al 元素为沉积岩中的稳定元素,其含量通常不会受后期的沉积成岩作用改变(Piper et al.,2004;孙彩蓉,2017)。因此,对于微量元素的富集程度讨论,本次研究通过 Al 标准化分析,将样品的微量元素组成与 Wedepohl(1971)的平均页岩(AS)组成进行比较,确定偏差。元素富集因子(EF)计算公式如下:

$$EF_X = (X/Al)_{sample} / (X/Al)_{AS} \tag{4-1}$$

式中,X 表示某种元素;EF_X 表示该种元素的富集系数。

　　结果表明,与平均页岩相比,鄂尔多斯盆地东缘南段山西组微量元素明显富集,仅 Rb 元素表现略微亏欠[图 4-11(a)],太原组中 Mo、Th 和 U 元素富集,而 DJ-6 和 DJ-7 样品 Rb 和 Ba 元素明显亏欠[图 4-11(b)];中段山西组 Th、Ba 和 Zr 元素整体表现为富集,而其余元素多表现为部分亏欠、部分富集[图 4-11(c)];中段太原组微量元素整体上表现为富集状态,其中 Co、Ni、Cu、Sr 和 Mo 元素在大多数样品中异常富集,仅有 LS-8 样品部分元素略微亏欠[图 4-11(d)]。整体上,鄂尔多斯盆地东缘太原组微量元素的富集与亏欠的分异程度要强于山西组,同时太原组对于部分元素的富集要明显高于山西组(图 4-11)。Mo 和 U 元素在南段太原组和山西组均表现为整体富集,而在中段太原组中富集、山西组中表现为亏欠。Sr 元素在南段太原组和山西组中表现为整体富集,在中段太原组部分样品较为富集,山西组大部分样品表现为亏欠。

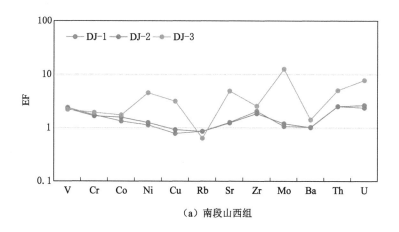

（a）南段山西组

图 4-11　鄂尔多斯盆地东缘煤系样品微量元素富集系数分布

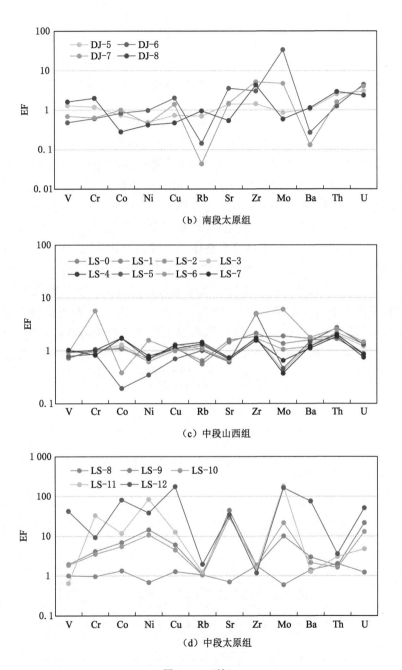

（b）南段太原组

（c）中段山西组

（d）中段太原组

图 4-11 （续）

沁水盆地煤系样品微量元素富集系数分布如图 4-12 所示,南部山西组样品中 V、Rb、Zr、Ba、Th 和 U 元素整体较为富集,而 Ni、Cu 和 Sr 元素亏欠,其余元素部分富集、部分亏欠[图 4-12(a)]。值得注意的是,QN-1 样品整体表现为所有元素均富集,且富集系数明显高于其他样品,这很可能与当时的沉积成岩环境有关[图 4-12(a)]。盆地南部太原组大部分样品中 V、Cr 和 Rb 元素亏欠,而 Sr、Mo、Zr、Ba、Th 和 U 元素较为富集,其他元素表现为部分亏欠、部分富集[图 4-12(b)]。沁水盆地北部山西组大部分样品中 Ni、Rb 和 Ba 元素亏欠,而 Cu、Zr、Th 和 U 元素相对富集[图 4-12(c)];太原组大部分样品中除 Sr、Zr、Th 和 U 元素表现为富集,其余元素几乎均亏欠[图 4-12(d)]。总之,沁水盆地南、北部在微量元素的富集与亏欠程度上有着一定的差异性和相似性,这表明在煤系沉积期的总体环境接近的基础上,不同区域出现了沉积分异的情况,进而导致了微量元素的差异分配。

4.3.3 稀土元素

沉积岩中的稀土元素记录了大量的地质活动信息,能够为盆地构造演化和沉积环境变迁提供良好的指示。近年来,对于华北地区晚古生代煤系稀土元素的系统性研究相对较少,尤其是利用稀土元素分析华北克拉通盆地迁移演化这一重要地质事件,因此开展煤系稀土元素的定量化研究对揭示稀土元素分配与成煤期沉积环境演化的响应具有重要意义。

华北地区沉积盆地煤系样品的稀土元素含量测试结果见表 4-10、表 4-11,其中稀土元素采用的是球粒陨石(Boynton,1984)标准化值进行参数计算。结果表明,鄂尔多斯盆地东缘南段太原组样品中 $\sum$ REE 含量为 15.24～263.67 ppm,均值 138.91 ppm;LREE/HREE 值为 1.10～11.67,均值为 6.63;$(La/Yb)_N$ 值为 0.97～14.33,均值为 7.07;$(La/Sm)_N$ 值为 2.98～6.03,均值为 4.28;Eu/Eu^* 值为 0.49～0.77,均值为 0.64;Ce/Ce^* 值为 0.93～1.07,均值为 1.02。山西组样品中 $\sum$ REE 含量为 168.71～428.01 ppm,均值为 344.19 ppm;LREE/HREE 值为 10.31～11.23,均值为 10.86;$(La/Yb)_N$ 值为 11.17～11.44,均值为 11.29;$(La/Sm)_N$ 值为 3.94～4.81,均值为 4.34;Eu/Eu^* 值为 0.31～0.64,均值为 0.43;Ce/Ce^* 值为 1.02～1.15,均值为1.07。南段煤系样品 $\sum$ REE 含量均值为 236.55 ppm,高于中国煤 $\sum$ REE 含量均值 106 ppm (Dai et al.,2012)和北美页岩 $\sum$ REE 含量均值 173.21 ppm(Haskin et al.,

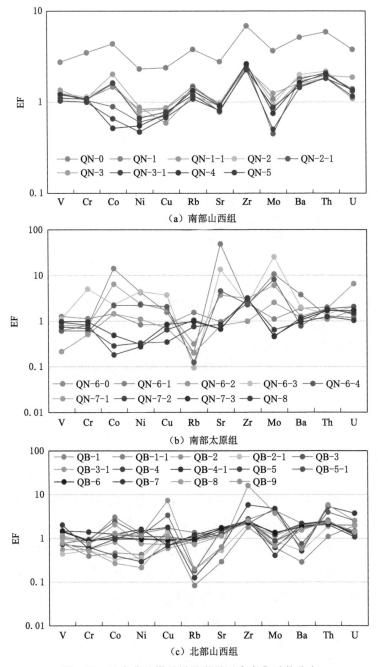

（a）南部山西组

（b）南部太原组

（c）北部山西组

图 4-12　沁水盆地煤系样品微量元素富集系数分布

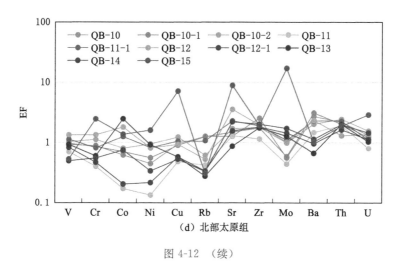

（d）北部太原组

图 4-12　（续）

1968）；LREE/HREE 均值为 8.74；$(La/Yb)_N$ 均值为 9.18；$(La/Sm)_N$ 均值为 4.31；Eu/Eu^* 均值为 0.54；Ce/Ce^* 均值为 1.04。

　　鄂尔多斯盆地东缘中段太原组样品中 $\sum$ REE 含量为 $10.57\sim283.74$ ppm，均值为 73.97 ppm；LREE/HREE 值为 $5.46\sim11.81$，均值为 8.15；$(La/Yb)_N$ 值为 $7.29\sim15.37$，均值为 11.35；$(La/Sm)_N$ 值为 $3.60\sim8.10$，均值为 4.99；Eu/Eu^* 值为 $0.67\sim1.65$，均值为 0.94；Ce/Ce^* 值为 $0.71\sim1.05$，均值为 0.90。山西组样品中 $\sum$ REE 含量为 $70.15\sim411.05$ ppm，均值为227.32 ppm；LREE/HREE 值为 $8.95\sim15.55$，均值为 10.86；$(La/Yb)_N$ 值为 $11.38\sim19.20$，均值为 13.95；$(La/Sm)_N$ 值为 $4.71\sim7.73$，均值为 5.70；Eu/Eu^* 值为 $0.59\sim0.91$，均值为 0.71；Ce/Ce^* 值为 $0.95\sim1.04$，均值为1.01。中段煤系样品 $\sum$ REE 含量均值为 150.65 ppm，接近北美页岩 $\sum$ REE 含量均值；LREE/HREE 均值为 9.88；$(La/Yb)_N$ 均值为 12.65；$(La/Sm)_N$ 均值为 5.35；Eu/Eu^* 均值为 0.82；Ce/Ce^* 均值为 0.96（表 4-10）。

　　沁水盆地南部太原组样品中 $\sum$ REE 含量为 $28.54\sim273.78$ ppm，均值为 121.66 ppm；LREE/HREE 值为 $6.73\sim18.84$，均值为 13.26；$(La/Yb)_N$ 值为 $6.74\sim30.40$，均值为 16.05；$(La/Sm)_N$ 值为 $3.14\sim11.23$，均值为 6.14；Eu/Eu^* 值为 $0.35\sim0.64$，均值为 0.54；Ce/Ce^* 值为 $0.97\sim1.04$，均值为1.03。山西组样品中 $\sum$ REE 含量为 $244.11\sim292.72$ ppm，均值为 263.61 ppm；LREE/HREE

单位:ppm

表 4-10　鄂尔多斯盆地东缘南段和中段晚古生代煤系样品稀土元素含量结果统计表

区块	层位	样号	La	Ce	Pr	Nd	Sm	Eu	Gd	Tb	Dy	Ho	Er	Tm	Yb	Lu	$\sum$REE	LREE/HREE	$(La/Yb)_N$	$(La/Sm)_N$	Eu/Eu*	Ce/Ce*
南段	山西组	DJ-1	88.27	185.20	21.63	81.99	14.11	1.26	10.72	1.63	8.87	1.82	5.58	0.82	5.29	0.82	428.01	11.04	11.26	3.94	0.31	1.02
		DJ-2	85.23	178.00	20.51	75.16	12.54	1.23	9.84	1.51	8.27	1.74	5.31	0.78	5.02	0.72	405.86	11.23	11.44	4.28	0.34	1.02
		DJ-3	36.37	78.12	7.30	26.27	4.76	0.97	4.45	0.70	3.75	0.77	2.36	0.34	2.20	0.36	168.71	10.31	11.17	4.81	0.64	1.15
	太原组	DJ-5	58.66	116.40	12.67	45.39	7.90	1.84	6.80	1.00	5.42	1.03	2.98	0.41	2.76	0.41	263.67	11.67	14.33	4.67	0.77	1.03
		DJ-6	3.13	7.32	0.86	3.28	0.58	0.14	0.76	0.15	0.92	0.17	0.58	0.09	0.54	0.09	18.59	4.65	3.93	3.43	0.63	1.07
		DJ-7	1.80	3.38	0.42	1.85	0.38	0.14	1.10	0.29	2.27	0.51	1.48	0.20	1.25	0.17	15.24	1.10	0.97	2.98	0.68	0.93
		DJ-8	58.39	115.10	12.26	39.77	6.09	0.96	5.95	1.12	7.02	1.44	4.40	0.65	4.35	0.64	258.15	9.09	9.04	6.03	0.49	1.04
中段	山西组	LS-0	21.07	35.30	3.17	10.91	1.77	0.55	1.91	0.35	2.09	0.45	1.33	0.20	1.23	0.19	80.51	9.40	11.52	7.49	0.91	1.04
		LS-1	21.32	34.35	3.10	10.16	1.74	0.53	2.00	0.36	2.26	0.43	1.33	0.19	1.20	0.18	79.15	8.95	11.97	7.73	0.86	1.02
		LS-2	90.91	186.40	20.86	73.81	12.12	2.11	8.63	1.26	6.07	1.15	3.52	0.51	3.19	0.52	411.05	15.55	19.20	4.72	0.63	1.03
		LS-3	59.79	115.70	13.03	46.48	7.77	1.54	6.28	0.98	5.39	1.05	3.28	0.48	3.09	0.47	265.33	11.62	13.06	4.84	0.68	1.00
		LS-4	53.83	108.40	11.97	42.88	6.72	1.32	5.16	0.83	4.53	0.93	3.01	0.41	2.88	0.42	243.29	12.39	12.61	5.04	0.68	1.03
		LS-5	40.95	68.82	7.44	25.46	4.37	0.85	4.03	0.74	4.49	0.91	2.81	0.38	2.43	0.37	164.04	9.16	11.38	5.89	0.62	0.95
		LS-6	70.65	128.90	14.31	49.97	8.61	1.51	7.13	1.08	5.53	1.02	2.92	0.40	2.63	0.37	295.03	13.00	18.10	5.16	0.59	0.98
		LS-7	61.69	125.30	13.81	49.30	8.25	1.56	6.00	0.93	5.16	1.02	3.23	0.46	3.02	0.47	280.20	12.81	13.78	4.71	0.68	1.03
		LS-8	62.47	120.50	14.14	52.79	9.16	1.76	7.11	1.08	5.83	1.15	3.43	0.50	3.35	0.48	283.74	11.38	12.58	4.29	0.67	0.98
	太原组	LS-9	6.76	11.00	1.33	5.51	0.94	0.29	1.32	0.22	1.24	0.28	0.83	0.12	0.63	0.10	30.57	5.46	7.29	4.52	0.79	0.88
		LS-10	5.97	10.16	1.23	5.13	0.84	0.24	1.05	0.18	1.00	0.22	0.65	0.08	0.53	0.09	27.37	6.20	7.55	4.46	0.79	0.90
		LS-11	2.39	4.75	0.49	1.86	0.19	0.06	0.29	0.04	0.22	0.04	0.10	0.02	0.11	0.01	10.57	11.81	15.37	8.10	0.81	1.05
		LS-12	4.35	5.42	0.78	3.28	0.76	0.45	0.92	0.14	0.77	0.14	0.32	0.03	0.21	0.03	17.60	5.88	13.97	3.60	1.65	0.71

注:LREE=La+Ce+Pr+Nd+Sm+Eu;HREE=Gd+Tb+Dy+Ho+Er+Tm+Yb+Lu;$\sum$REE=LREE+HREE;$(La/Yb)_N$为球粒陨石标准化的比值;Eu/Eu*=Eu_N/[$(Sm_N \times Gd_N)1/2$];Ce/Ce*=Ce_N/[$(La_N \times Pr_N)1/2$]。

表 4-11 沁水盆地晚古生代煤系样品稀土元素含量结果

单位:ppm

区块	层位	样号	La	Ce	Pr	Nd	Sm	Eu	Gd	Tb	Dy	Ho	Er	Tm	Yb	Lu	ΣREE	LREE/HREE	$(La/Yb)_N$	$(La/Sm)_N$	Eu/Eu^*	Ce/Ce^*
南部	山西组	QN-0	60.96	122.51	13.81	50.78	8.37	1.41	5.63	0.78	4.54	0.93	2.63	0.41	2.59	0.38	275.75	14.41	15.87	4.58	0.63	1.02
		QN-1	65.41	130.78	14.47	51.93	8.16	1.56	6.15	0.91	5.30	1.07	3.07	0.47	3.00	0.44	292.72	13.34	14.70	5.05	0.67	1.02
		QN-1-1	54.31	110.77	12.28	45.19	7.59	1.51	6.03	0.84	4.67	0.91	2.50	0.38	2.47	0.36	249.81	12.75	14.82	4.50	0.68	1.03
		QN-2	57.75	117.39	12.95	47.26	7.88	1.58	6.33	0.94	5.27	1.02	2.82	0.42	2.71	0.39	264.71	12.30	14.36	4.61	0.68	1.03
		QN-2-1	56.47	115.26	13.02	48.46	8.01	1.35	5.74	0.84	4.96	0.98	2.75	0.42	2.73	0.40	261.38	12.90	13.95	4.43	0.61	1.02
		QN-3	55.81	111.63	11.85	40.92	5.93	0.83	4.36	0.73	4.69	0.97	2.76	0.43	2.80	0.41	244.11	13.24	13.44	5.92	0.50	1.04
		QN-3-1	59.12	119.32	13.55	50.73	9.10	2.16	8.03	1.12	6.19	1.19	3.25	0.49	3.16	0.47	277.89	10.63	12.61	4.09	0.77	1.01
		QN-4	57.02	112.47	12.74	47.06	8.05	1.79	6.66	0.94	5.27	1.02	2.77	0.42	2.67	0.39	259.25	11.88	14.39	4.45	0.75	1.00
		QN-5	52.06	105.84	11.91	46.27	9.34	1.68	6.89	0.93	5.17	0.98	2.63	0.39	2.45	0.35	246.89	11.48	14.34	3.51	0.64	1.02
	太原组	QN-6-0	60.84	121.38	13.66	50.57	8.20	1.42	5.62	0.77	4.51	0.92	2.61	0.40	2.53	0.37	273.78	14.46	16.20	4.67	0.64	1.01
		QN-6-1	5.68	11.71	1.30	4.85	1.10	0.22	1.02	0.15	0.99	0.21	0.58	0.09	0.57	0.08	28.54	6.73	6.74	3.23	0.63	1.04
		QN-6-2	7.22	15.94	1.67	6.08	1.22	0.21	0.90	0.14	0.83	0.16	0.45	0.07	0.43	0.06	35.37	10.67	11.35	3.71	0.61	1.10
		QN-6-3	8.35	12.73	1.21	4.15	0.70	0.12	0.56	0.08	0.44	0.09	0.22	0.03	0.19	0.03	28.89	16.69	30.40	7.54	0.61	0.97
		QN-6-4	8.97	17.27	1.91	7.59	1.80	0.32	1.64	0.26	1.47	0.26	0.64	0.09	0.54	0.07	42.83	7.61	11.16	3.14	0.57	1.01
		QN-7-1	22.21	39.49	3.54	10.89	1.86	0.27	1.53	0.25	1.46	0.28	0.76	0.12	0.74	0.10	83.48	15.00	20.37	7.51	0.49	1.07
		QN-7-2	38.34	76.44	7.91	25.27	3.38	0.40	2.62	0.50	3.38	0.69	1.97	0.32	2.08	0.31	163.62	12.77	12.41	7.13	0.41	1.06
		QN-7-3	66.59	124.58	12.46	41.69	5.91	0.56	4.10	0.65	4.03	0.84	2.43	0.38	2.44	0.35	267.00	16.56	18.43	7.09	0.35	1.04
		QN-8	44.87	85.37	7.78	21.89	2.51	0.36	1.79	0.33	2.24	0.50	1.53	0.25	1.74	0.26	171.43	18.84	17.36	11.23	0.52	1.10

表 4-11(续)

区块	层位	样号	La	Ce	Pr	Nd	Sm	Eu	Gd	Tb	Dy	Ho	Er	Tm	Yb	Lu	ΣREE	LREE/HREE	(La/Yb)$_N$	(La/Sm)$_N$	Eu/Eu*	Ce/Ce*
北部	山西组	QB-1	29.07	68.47	5.06	17.24	2.50	0.27	1.93	0.38	2.70	0.64	2.04	0.34	2.13	0.33	133.09	11.70	9.21	7.32	0.37	1.36
		QB-1-1	49.38	99.20	11.75	45.05	8.04	1.70	6.71	1.08	5.75	1.21	3.63	0.54	3.49	0.56	238.08	9.37	9.53	3.86	0.71	0.99
		QB-2	77.31	154.80	17.17	63.77	11.60	1.80	8.96	1.38	7.73	1.60	4.87	0.76	5.01	0.76	357.50	10.51	10.41	4.19	0.54	1.02
		QB-2-1	32.98	80.02	7.19	22.11	2.88	0.46	3.13	0.60	3.45	0.61	1.56	0.20	1.01	0.15	156.34	13.62	21.95	7.20	0.47	1.25
		QB-3	30.64	61.61	6.25	19.73	3.10	0.59	2.87	0.52	3.27	0.71	2.11	0.34	2.12	0.33	134.18	9.94	9.74	6.23	0.60	1.07
		QB-3-1	61.35	127.80	13.45	49.36	8.66	2.08	7.17	1.14	6.07	1.22	3.71	0.52	3.40	0.51	286.41	11.07	12.17	4.46	0.81	1.07
		QB-4	53.58	104.90	11.49	40.73	6.87	1.47	5.91	0.92	4.94	1.03	2.98	0.43	2.91	0.42	238.58	11.21	12.40	4.90	0.70	1.02
		QB-4-1	61.09	142.50	14.42	54.26	9.78	1.82	8.38	1.31	6.91	1.33	3.85	0.55	3.57	0.51	310.26	10.75	11.53	3.93	0.61	1.16
		QB-5	71.47	153.80	16.51	60.18	10.80	2.04	9.27	1.37	7.47	1.47	4.27	0.61	3.92	0.61	343.78	10.86	12.29	4.16	0.62	1.08
		QB-5-1	70.05	157.50	16.72	62.29	11.21	1.90	8.36	1.26	6.73	1.34	4.02	0.56	3.62	0.57	346.12	12.08	13.04	3.93	0.60	1.11
		QB-6	74.25	168.30	18.01	69.44	13.24	2.54	11.12	1.68	8.32	1.55	4.53	0.66	4.36	0.64	378.65	10.52	11.48	3.53	0.64	1.11
		QB-7	12.67	29.00	2.77	10.21	2.63	0.68	3.24	0.61	3.91	0.72	1.91	0.25	1.69	0.25	70.53	4.61	5.05	3.03	0.71	1.18
		QB-8	81.55	167.90	19.98	78.03	13.91	2.18	9.98	1.43	7.58	1.47	4.58	0.64	4.31	0.64	394.17	11.87	12.76	3.69	0.56	1.00
		QB-9	15.86	34.34	3.82	14.91	3.61	1.04	4.59	0.89	4.99	0.94	2.44	0.33	1.85	0.26	89.86	4.52	5.77	2.77	0.78	1.06
	太原组	QB-10	63.97	122.40	13.22	48.06	8.12	1.85	7.18	1.10	6.05	1.21	3.53	0.50	3.06	0.47	280.71	11.16	14.12	4.95	0.74	1.01
		QB-10-1	62.21	123.50	13.47	48.83	8.68	1.95	7.19	1.08	5.74	1.08	3.29	0.46	3.09	0.47	281.04	11.54	13.56	4.51	0.76	1.03
		QB-10-2	50.16	101.70	9.89	33.71	5.07	1.16	3.78	0.58	3.33	0.72	2.33	0.36	2.30	0.37	215.44	14.66	14.73	6.22	0.81	1.10
		QB-11	70.29	152.70	16.39	65.02	14.81	2.54	13.43	2.14	10.80	1.86	4.78	0.61	3.82	0.55	359.73	8.47	12.42	2.99	0.55	1.08
		QB-11-1	40.31	82.25	8.92	32.98	5.98	1.33	4.97	0.74	4.03	0.81	2.42	0.34	2.20	0.33	187.61	10.84	12.33	4.24	0.74	1.04
		QB-12	22.79	43.46	4.68	17.58	2.81	0.97	2.67	0.37	1.95	0.41	1.29	0.18	1.32	0.20	100.68	11.00	11.64	5.10	1.08	1.01
		QB-12-1	86.23	170.40	18.33	67.08	10.41	2.43	8.93	1.37	7.22	1.51	4.65	0.66	4.29	0.64	384.14	12.13	13.54	5.21	0.77	1.03
		QB-13	82.83	162.10	12.46	32.54	3.06	0.66	3.20	0.62	3.78	0.79	2.44	0.33	2.06	0.30	307.18	21.72	27.15	17.00	0.64	1.21
		QB-14	74.37	142.90	14.97	53.02	8.52	1.69	7.09	1.11	5.80	1.11	3.45	0.48	3.20	0.48	318.19	13.01	15.68	5.49	0.67	1.03
		QB-15	3.87	8.64	1.15	6.09	2.56	0.71	4.27	0.68	3.84	0.69	1.68	0.21	1.12	0.16	35.68	1.82	2.33	0.95	0.65	0.98

注：LREE=La+Ce+Pr+Nd+Sm+Eu；HREE=Gd+Tb+Dy+Ho+Er+Tm+Yb+Lu；$\sum$ REE=LREE+HREE；(La/Yb)$_N$ 为球粒陨石标准化值的比值；Eu/Eu*=EuN/[(SmN×GdN)1/2]；Ce/Ce*=CeN/[(LaN×PrN)1/2]。

值为 10.63~14.41,均值为 12.55;(La/Yb)$_N$ 值为 12.61~15.87,均值为 14.28;
(La/Sm)$_N$ 值为 3.51~5.92,均值为 4.57;Eu/Eu* 值为 0.50~0.77,均值为
0.66;Ce/Ce* 值为 1.93~1.07,均值为 1.02。南部煤系样品 $\sum$ REE 含量均
值为 192.64 ppm,接近北美页岩 $\sum$ REE 含量均值;LREE/HREE 均值为
12.90;(La/Yb)$_N$ 均值为 15.16;(La/Sm)$_N$ 均值为 5.35;Eu/Eu* 均值为 0.60;
Ce/Ce* 均值为 1.03。

　　沁水盆地北部太原组样品中 $\sum$ REE 含量为 35.68~384.14 ppm,均值
为 247.04 ppm;LREE/HREE 值为 1.82~21.72,均值为 11.64;(La/Yb)$_N$ 值
为 2.33~27.15,均值为 13.75;(La/Sm)$_N$ 值为 0.95~17.00,均值为 5.67;Eu/
Eu* 值为 0.55~1.08,均值为 0.74;Ce/Ce* 值为 0.98~1.21,均值为 1.05。山
西组样品中 $\sum$ REE 含量为 70.53~394.17 ppm,均值为 248.40 ppm;
LREE/HREE 值为 4.52~13.62,均值为 10.19;(La/Yb)$_N$ 值为 5.05~21.95,
均值为 11.24;(La/Sm)$_N$ 值为 2.77~7.32,均值为 4.51;Eu/Eu* 值为 0.37~
0.81,均值为 0.62;Ce/Ce* 值为 1.10~1.36,均值为 1.11。北部煤系样品
$\sum$ REE 含量均值为 247.72 ppm,高于中国煤和北美页岩 $\sum$ REE 含量均
值;LREE/HREE 均值为 10.91;(La/Yb)$_N$ 均值为 12.49;(La/Sm)$_N$ 均值为
5.09;Eu/Eu* 均值为 0.68;Ce/Ce* 均值为 1.08(表 4-11)。

　　依据 Boynton(1984)的研究,得到华北地区主要盆地煤系样品的稀土元
素分配模式图(图 4-13、图 4-14)。鄂尔多斯盆地东缘南段煤系样品中稀土元
素分配模式呈明显的"左高右低"的 V 字形分布趋势(图 4-13),即:La~Eu 轻
稀土段曲线较陡,而 Gd~Lu 重稀土段曲线宽缓。这一趋势在 LREE/HREE
值上有着明显的体现(表 4-10)。另外南段(La/Yb)$_N$ 均值为9.18,表明煤系泥
岩、页岩及煤中轻、重稀土元素分异程度高,轻稀土元素富集,而重稀土元素相
对亏欠。由于 HREE 在海水中易溶解而发生迁移,因而太原组和山西组中的
高值的 LREE/HREE 表明煤系沉积期海水输入作用控制明显。在南段太原
组和山西组样品曲线中,可见明显的 Eu 负异常,指示陆源碎屑物质的输入
[图 4-13(a)、(b)]。而太原组样品中对轻稀土元素的富集程度相对山西组较
低,表明山西组的陆源输入强度更为显著。盆地东缘中段煤系样品稀土元素
分配模式也呈 V 形分布特征,同样表现为富集轻稀土元素和亏欠重稀土元
素,且几乎所有的样品都表现出 Eu 负异常,仅 LS-12 样品中出现了 Eu 正异
常和 Ce 负异常[图 4-13(c)、(d)]。该区域山西组所有样品的总稀土元素含

量基本接近,而太原组样品中有明显的分异特征,这一现象很可能受煤系沉积期的物源输入差异控制[图 4-13(c)、(d)]。此外,盆地东缘中段的(La/Yb)$_N$和(La/Sm)$_N$均值都高于南段,这表明轻、重稀土元素和轻稀土元素的分馏程度为中段高、南段低。

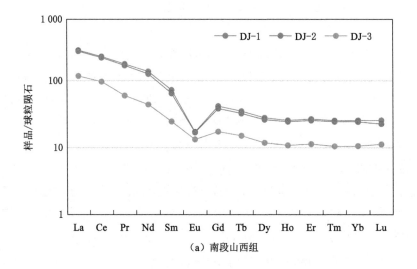

（a）南段山西组

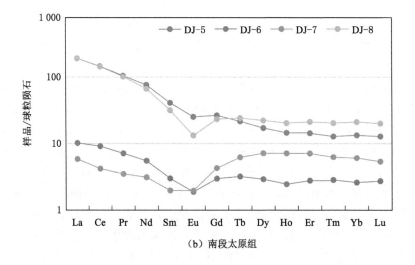

（b）南段太原组

图 4-13　鄂尔多斯盆地东缘煤系样品稀土元素分配模式图

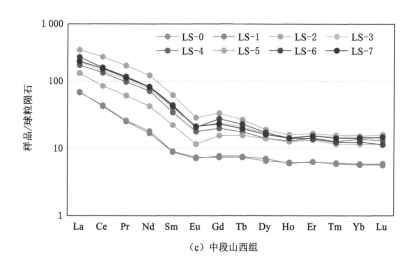

（c）中段山西组

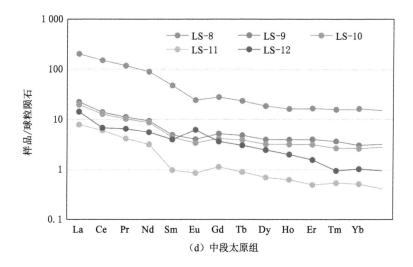

（d）中段太原组

图 4-13　（续）

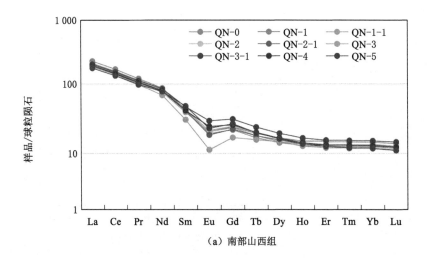

（a）南部山西组

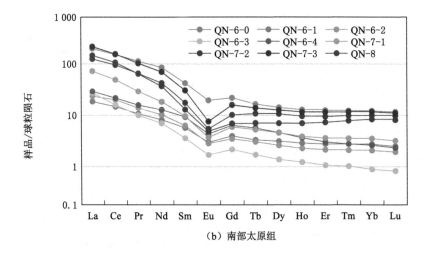

（b）南部太原组

图 4-14　沁水盆地煤系样品稀土元素分配模式图

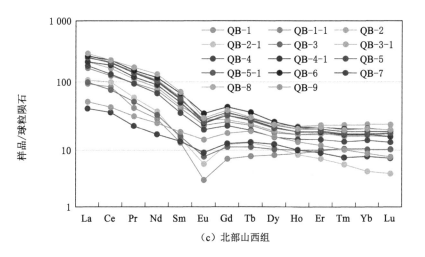

（c）北部山西组

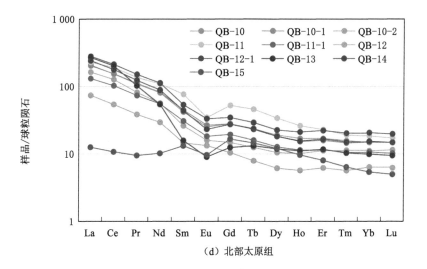

（d）北部太原组

图 4-14 （续）

相比鄂尔多斯盆地东缘,沁水盆地煤系稀土元素分配模式图在曲线变化趋势上存在一定差异。总体上,沁水盆地煤系各样品的总稀土元素含量接近,因此在分配模式图上表现较为密集(图 4-14)。同样,除了 QB-13 样品外,稀土元素分配模式基本上均呈"左高右低"的 V 形分布特征。经过球粒陨石标准化后,沁水盆地南部和北部煤系样品中均出现了 Eu 负异常,指示陆源物质输入的影响。而在太原组少数样品中出现了 Ce 负异常以及高值 LREE/HREE,这表明在煤系沉积期受到了一定的海相物质输入的影响(表 4-11)。沁水盆地南部$(La/Yb)_N$和$(La/Sm)_N$均值分别为 15.16 和 5.35,北部的$(La/Yb)_N$和$(La/Sm)_N$均值分别为 12.49 和 5.09,这说明南部的轻、重稀土元素和轻稀土元素间的分馏程度均较高。相应地,沁水盆地南部太原组$(La/Yb)_N$和$(La/Sm)_N$均值高于山西组,这一规律同样在北部地区出现。由此可知,煤系沉积期太原组轻、重稀土元素和轻稀土元素间的分馏程度高于山西组。

4.4　本章小结

沉积盆地煤系沉积期古构造、古环境和古气候的差异,导致沉积物物源和沉积中心存在明显差异,形成了不同的源汇沉积体系,使得煤系的岩石学和地球化学特征在空间分布上有着明显的不同。华北地区中部太原组、山西组关键煤系,依据岩性、沉积相与测井曲线结果,识别出太原组以灰泥旋回为主、山西组以砂泥旋回为主的岩石类型组合。山西组石英的含量较高,黏土矿物次之,长石的含量相对较少。山西组上段砂岩样品中石英的分选适中,磨圆度为次棱角状-棱角状,代表着较强的水动力环境,石英颗粒之间胶结物以泥质为主,充填物中含有岩屑,也可见少量重矿物发育。太原组石英砂岩粒度以细粒为主,碎屑颗粒均匀,略微表现出定向分布特征,磨圆度为棱角状,分选中等,胶结物以泥质为主,指示一种相对稳定的弱水动力环境。

鄂尔多斯盆地东缘由北向南煤系泥页岩矿物种类呈增加趋势,北部矿物种类单一,其中黏土矿物由北向南呈减少趋势,这一规律在高岭石含量中表现尤为明显。沁水盆地煤系泥页岩样品的黏土矿物含量也表现出北高南低的分布特征,且同一地区由太原组至山西组石英含量呈减少趋势,而黏土矿物含量呈增加趋势。太原组泥页岩样品中,观察到了藻类体/结构藻类体,这类组分通常来源于水生低等植物(藻类),其指示了太原组沉积期存在海相有机质的输入事件。山西组样品的有机质显微组分指示着一种以陆相物源有机质为主的沉积体系,未见明显的海相有机质输入。煤系烃源岩的有机质丰度相对较高,大部分属于富有机质泥页岩的范畴。不同区域同一层位的煤系泥页岩有机质丰度有着显著的差异,同一地区不同层位的煤系泥页岩有机质丰度也存在着不同。鄂尔多斯盆地东缘由南至北,镜质组反射率呈逐渐降低趋势,跨越早期生油阶段至干气生成阶段。沁水盆地南部、北部太原组、山西组烃源岩属于湿气或干气生成阶段,在煤级上对应于无烟煤和超无烟煤序列,南、北煤系烃源岩均表现出较高的成熟度分布趋势。

第5章 晚古生代盆地古环境 与古气候演化过程

沉积盆地是油气资源赋存的空间场所,有机质是油气生成的物质基础,而盆地沉积环境对有机质的富集与保存至关重要(Tissot et al.,1974;Berner,1981;Hedges et al.,1995;Staplin,1969)。其中,沉积相的变化以及与之相关的生产力、水动力、氧化还原状态、盐度和气候变化是控制煤系有机质富集的几个主要因素。在成煤期,较强的水动力条件可以携带更多的陆相碎屑物质,从而影响煤系的物质组成,尤其是水流搬运而来的沉积物对煤系泥岩、页岩及煤的有机质组成至关重要(Hu et al.,2013;Yu et al.,2020)。在煤系沉积过程中,氧化还原条件直接控制沉积过程中各类有机质的保存和演化,决定着有机质在沉积成岩过程中的演化路径。沉积盆地水体环境的盐度控制着各种离子的溶解度,决定了有机质保存的酸碱度,并指示有机质来自陆相还是海相环境(Noffke et al.,2003)。煤系泥岩、页岩和煤中有机质的富集和保存受到外部环境的影响,而外部环境又受到地质历史时期区域气候演化的制约。因此,气候条件在很大程度上控制着煤系有机质的来源和富集特征(Tuttle et al.,2014;Shen et al.,2016)。

此外,与沉积环境变化相关的陆源碎屑输入通量和沉积速率的变化是控制有机质堆积的另外两个因素(Yan et al.,2018)。一方面,陆源碎屑物质的输入可以为海洋生物提供丰富的营养物(Adams et al.,2010),从而促进海洋浮游生物的繁殖,进一步提高初级生产力(Yan et al.,2018)。另一方面,陆源碎屑物质的快速输入沉降促进了有机质的快速堆积,降低了有机质在氧化环境中的暴露时间,从而降低了盆地的有机质降解程度(Yan et al.,2018;Lash et al.,2014)。由此可知,沉积盆地煤系有机质富集与煤系沉积期的环境条件关系密切,而不同盆地在同一时期的沉积环境和物源条件存在着显著的差异,因此开展盆地古环境、古气候差异演化的研究对认识煤系有机质富集机理具有重要意义。

5.1　古环境演化

　　盆地的沉积环境是控制有机质保存的先决条件,适宜的沉积环境能够极大地促进有机质的保存与烃源岩的形成,是油气资源生成的基础。对于富有机质烃源岩的发育条件来说,通常有两大关键地质因素,其一为有机质来源,其二为有机质保存条件(Sageman et al.,2003)。前人研究表明,沉积期的初级生产力是控制有机质生成的主要因素,因此古生产力是指示富有机质烃源岩形成的直接物质基础(Calvert et al.,1993)。而对于有机质保存条件的沉积环境,其主要包括以下几个物理和化学环境条件,即古水动力强度、古生产力、氧化还原条件和古盐度。沉积环境的变迁往往会导致沉积体系的物理和化学参数发生改变,进而对有机质的形成和富集产生重要的影响。

5.1.1　古水动力强度

　　古水动力强度是决定着碎屑物质从物源区到沉积区的搬运速度和强度,是沟通源汇体系的桥梁,其地球化学判别指标主要依据 Zr/Rb 比值,岩石学判别指标主要依据岩性粒序旋回。因而,在本次研究中采用 Zr/Rb 比值与垂向上粒序变化相结合分析不同盆地煤系沉积期古水动力强度。Zr 元素作为重矿物的典型代表,通常来源于陆相火山碎屑物质,其经过流水的搬运作用在沉积盆地中参与成岩作用。前人研究结果表明,Zr 元素在砂岩中的富集程度高于泥岩及页岩,所以可以依据其较高的浓度通常指示的是一种较强的水动力环境(高能)。相反地,Rb 元素在泥岩和页岩中富集,其往往指示的是较弱水动力环境(低能)。因此可以用 Zr/Rb 比值来指示沉积期的水动力强度,其高值代表高能环境,低值代表低能环境(Li et al.,2013;Tang et al.,2020)。

　　依据 Zr 和 Rb 元素的含量、富集系数以及 Zr/Rb 比值,对鄂尔多斯盆地东缘南段晚古生代太原组和山西组水动力强度进行初探。整体上,太原组 Zr 元素的含量与山西组相当,而 Zr 元素的富集系数略高于山西组,太原组 Rb 元素的含量和富集系数均低于山西组[图 5-1(a)～(d)]。Zr 和 Rb 元素特征表明太原组水动力强度略强于山西组。但是由于太原组 DJ-6 和 DJ-7 样品为煤样,其对元素吸附能力和有机质输入量要远高于相邻层位的泥岩和页岩,因此不能过度依赖成煤期的煤样进行水动力条件判别。考虑到本区的煤系样品

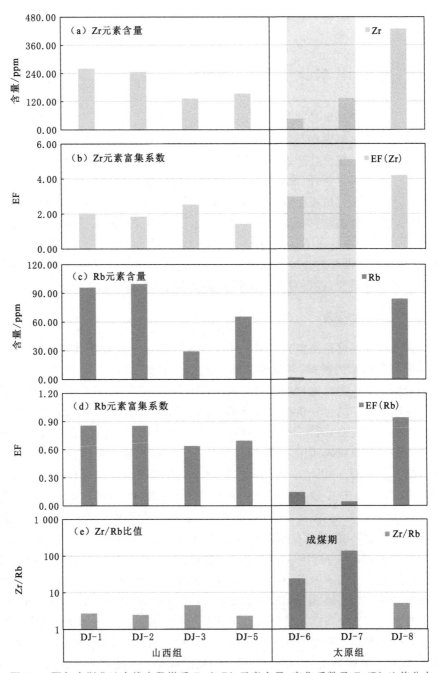

图 5-1　鄂尔多斯盆地东缘南段煤系 Zr 和 Rb 元素含量、富集系数及 Zr/Rb 比值分布

相对较少,在对于水动力的判别上借鉴了孙彩蓉(2017)在鄂尔多斯盆地东缘南段隰县地区的 Rb 元素数据,其 Rb 富集系数表现为太原组下段相对澳大利亚后太古宇页岩(PAAS)亏欠,中上段基本持平,而山西组表现为 Rb 相对富集。这一结果指示了盆地东缘南段太原组水动力强度略高于山西组。同样地,太原组泥岩和页岩样品 Zr/Rb 比值略高于山西组样品[图 5-1(e)],较高的 Zr/Rb 比值代表了太原组较强的水动力环境,而山西组处于相对较弱的水动力环境。晚古生代,鄂尔多斯盆地东缘南段为华北克拉通盆地的边缘地带,其邻近秦岭古陆,煤系沉积期的物源很可能较大部分来自秦岭古陆,而一部分来自北侧阴山古陆的远距离搬运作用。晚古生代初期,华北地区结束了大规模的抬升剥蚀,刚刚进入本溪组沉积,太原组下段在一定程度上继承了本溪组的沉积特征,因此在煤系沉积初期有大量的陆源碎屑物质输入,导致太原组出现了较多的重矿物富集,而这一富集现象在煤层中表现得更为明显。

　　鄂尔多斯盆地东缘中段 Zr 元素的含量在太原组要远低于山西组,Zr 的富集系数也表现出相似的特征[图 5-2(a)、(b)];太原组中 Rb 元素的含量远低于山西组,而其富集系数略高于山西组[图 5-2(c)、(d)]。Zr 元素亏欠和 Rb 元素的富集均表明太原组的水动力强度低于山西组,来源于陆相的火山碎屑物质中所携带的重矿物在山西组中更为富集。同时,太原组的 Zr/Rb 比值相对于山西组较低[图 5-2(e)],这再次表明太原组处于低能环境,而山西组处于高能环境。Qi 等(2020)研究表明,鄂尔多斯盆地东缘中段临兴地区太原组泥页岩中发现了藻类体,指示太原组沉积期有海相有机质的输入。藻类的出现指示了太原组的低能水体环境,这一结论在有机岩石学上也得到了证实。鄂尔多斯盆地东缘北段,由于本次工作缺乏相关实验测试,笔者依据孙彩蓉(2017)在哈尔乌素地区太原组和山西组的 Rb 元素数据,进行古水动力条件恢复。Rb 元素的富集系数在太原组和山西组样品中基本均表现为相对亏欠状态,这表明了该区域在煤系沉积期处于一种强水动力条件。结合该区域的构造位置可知,晚古生代鄂尔多斯盆地北部毗邻阴山古陆,位于三角洲前缘地带。在"北高南低"的古地形背景下,河流的搬运作用在北部表现得最为明显,导致煤系埋深较浅和相对较粗的砂岩发育(鲁静 等,2012;邵龙义 等,2020),因此在整个煤系沉积期表现为高能水动力环境。

　　综上,采用鄂尔多斯盆地东缘各段均具有的 Rb 元素富集系数数据分析该区煤系沉积期的古水动力强度分布特征。结果表明,盆地东缘南段和中段煤系 Rb 富集系数均值分别为 0.59 和 1.14,北段煤系 Rb 富集系数均值低于0.5。平面上,鄂尔多斯盆地东缘不同区域古水动力表现为南北强、中部弱的

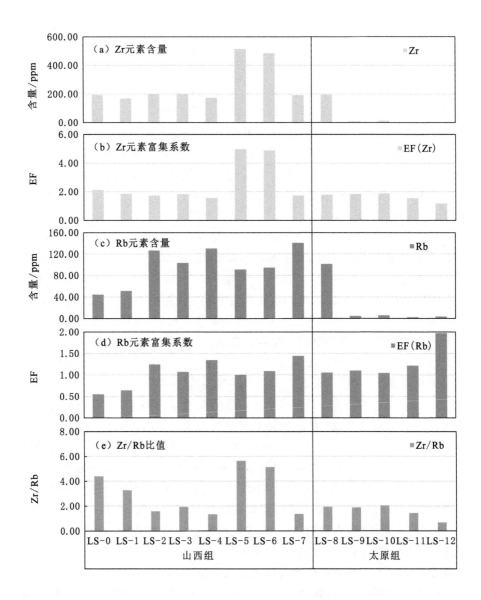

图 5-2 鄂尔多斯盆地东缘中段煤系 Zr 和 Rb 元素含量、富集系数及 Zr/Rb 比值分布

分布特征;垂向上,南部和北部太原组与山西组水动力强度相当,而中部太原组水动力强度低于山西组。

　　沁水盆地南部和北部煤系 Zr 和 Rb 元素含量、富集系数及 Zr/Rb 比值结果分别如图 5-3、图 5-4 所示。

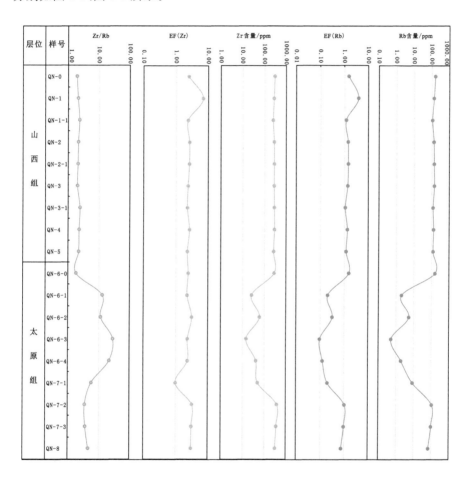

图 5-3　沁水盆地南部煤系 Zr 和 Rb 元素含量、富集系数及 Zr/Rb 比值分布

　　在沁水盆地南部,与山西组相比,Zr 和 Rb 元素含量在太原组出现明显的亏欠,而山西组的 Zr 和 Rb 元素含量相对稳定(图 5-3)。这种元素含量稳定性的差异分布,指示了太原组沉积期相对动荡的沉积体系导致元素分配的波动性变化,而山西组的物源和沉积相变相对稳定。Zr 元素富集系数在太原组和山

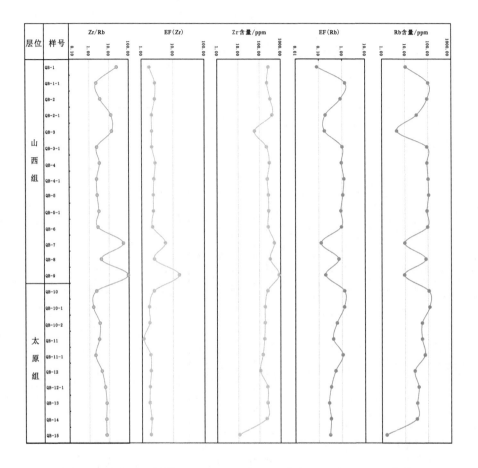

图 5-4　沁水盆地北部煤系 Zr 和 Rb 元素含量、富集系数及 Zr/Rb 比值分布

西组表现得相对稳定,仅在太原组中段和山西组上段样品中出现了波动,但整体分布相对稳定,且富集系数均大于 1,这也表明过渡相地层(煤系)中 Zr 元素富集系数高于海相地层(PAAS)。Rb 元素富集系数在太原组表现为明显的亏欠,而在山西组含量稳定,这指示了太原组沉积期的水体环境相对动荡。Zr/Rb 比值在太原组明显高于山西组,这一结果与 Rb 元素富集系数相印证,指示了沁水盆地南部太原组沉积期可能存在着较强的陆相碎屑物质输入。结合沁水盆地晚古生代构造位置可知,盆地南侧的秦岭古陆很可能为太原组沉积期提供了一定的陆源碎屑沉积物,参与了太原组的沉积成岩,因而形成了较高的 Zr/Rb 比值。

盆地北部煤系 Zr 和 Rb 元素含量的垂向变化相对明显,尤其是山西组元素分布的波动性更为显著(图 5-4)。山西组 Zr 元素富集系数相对于太原组偏高,在山西组和太原组分界线位置可见样品中出现 Zr 元素含量的正异常,表明山西组沉积物受陆源碎屑物质输入的控制更为明显。同时,Rb 元素的富集系数在山西组的均值低于太原组,且山西组的 Rb 元素富集系数的波动性更为明显,表明太原组形成于低能的海相沉积环境,而山西组在水动力较强的水体环境中沉积。此外,山西组 Rb 元素富集系数的波动性也表明在该组沉积期间歇性地受到了海进作用的影响,出现了 Rb 元素局部层位富集的现象,这一结果在该区 Zr/Rb 比值中也得到了很好的证实(图 5-4)。

5.1.2　古生产力

沉积有机质主要来源于低等的浮游生物和高等动植物。海洋生物,特别是浮游生物,为沉积物提供物质基础,导致有机质富集(Herguera et al.,1991)。较高的初级生产力会极大提高有机质向沉积盆地的输入量,与此同时,随着有机质的富集与氧化降解,水介质中的溶解氧不断被消耗,有利于形成还原的沉积水体环境。浮游生物是海洋初级生产力的主要贡献者,尤其是在晚古生代以前的地层中对沉积有机质的贡献占绝对主导地位。前人研究结果表明,P/Al 比、(Ni+Cu)/Al 比以及生物成因 Ba(Ba-bio)等是古生产力的良好表征参数。P 元素为营养型元素,参与生物的各种新陈代谢活动,因此用 P/Al 比能够很好地指示生物活动的强度,P/Al 比值越高,则初级生产力越高。Yan 等(2018)指出(Ni+Cu)/Al 比和 Ba-bio 与总有机碳含量呈良好的正相关性,能够指示沉积期初级生产力的强度。对于 Ba-bio 的计算如下:

$$\text{Ba-bio} = \text{Ba}_{\text{total}} - \left(\frac{\text{Ba}}{\text{Al}}\right)_{\text{min}} * \text{Al}_{\text{sample}} \tag{5-1}$$

式中,Ba-bio 表示生物成因 Ba 的含量;Ba_{total} 表示 Ba 的总含量;$(\text{Ba/Al})_{\text{min}}$ 表示研究区中 Ba/Al 最小值(以此作为背景值,避免计算出现负值);$\text{Al}_{\text{sample}}$ 表示样品中 Al 的含量。

在煤系沉积过程中,磷主要来自浮游生物(藻类),其以有机结合的方式转移到沉积物中,吸附在羟基氧化铁(FeOOH)相上,以自生磷酸盐的形式沉淀,在成岩过程中保持稳定(Algeo et al.,2006)。鄂尔多斯盆地东缘 P/Al 值结果表明,中段煤系 P/Al 均值为 0.015,太原组 P/Al 均值为 0.036,山西组 P/Al 均值为 0.002。这一结果表明太原组的浮游生物所贡献的古生产力高于山西组,能够提供更多的海相沉积有机质。南段煤系 P/Al 均值为0.007,太原组 P/Al 均值为 0.002,山西组 P/Al 均值为 0.013,这一结果同样指示了太原组具有较高的来自浮游生物的初级生产力。Ba-bio 数据结果表明,在鄂尔多斯盆地东缘南段和中段均表现出太原组的生产力低于山西组的生产力(图 5-5和图 5-6),这一结果说明了陆源营养物质的输入极大地提高了沉积体系中的初级生产力。鄂尔多斯盆地东缘的层序地层学结果表明,煤系沉积期的物源主要来自盆地北部的阴山古陆,而此时的山西组沉积期处于海退频繁时期,大量的陆相有机质从北向南输入,导致了山西组的古生产力变高,而太原组古生产力相对较低。鄂尔多斯盆地东缘中段的 P/Al 均值(0.015)明显高于南段(0.007),同时中段 Ba-bio 含量远高于南段,这两种古生产力指标均证实了陆相营养物质的输入对古生产力的贡献远大于海洋环境。

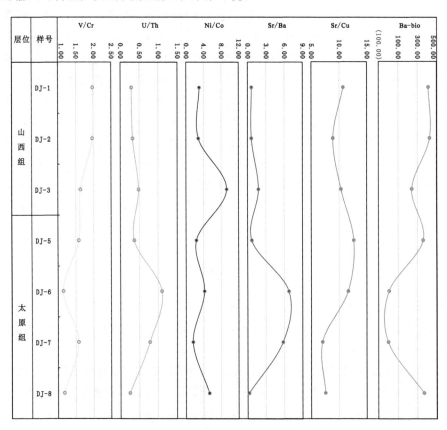

图 5-5 鄂尔多斯盆地东缘南段煤系微量元素比值及生物成因 Ba 含量分布

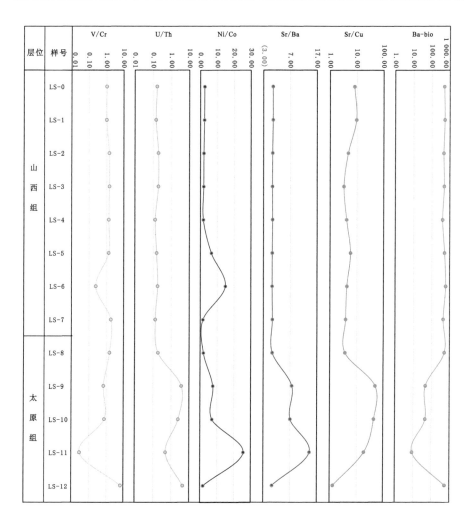

图 5-6 鄂尔多斯盆地东缘中段煤系微量元素比值及生物成因 Ba 含量分布

　　沁水盆地 P/Al 值结果表明,南部煤系 P/Al 均值为 0.090,太原组 P/Al 均值为 0.153,山西组 P/Al 均值为 0.027;北部煤系 P/Al 均值为 0.013,太原组 P/Al 均值为 0.025,山西组 P/Al 均值为 0.005;南部的 P/Al 均值(0.090)明显高于北部(0.013)。沁水盆地煤系 P/Al 比得到的认识与鄂尔多斯盆地东缘相似,即海相浮游生物对太原组沉积期古生产力的贡献比山西组沉积期高。沁水盆地南部高值的 P/Al 也表明了煤系沉积期该区位于深水沉积体系,上层水面可能有大量的浮游生物(藻类)繁殖,而位于浅水的盆地北部则不具备浮游生物生长繁殖的适宜条件,因而出现了较低的 P/Al 比值。沁水盆地南部太原组 Ba-bio 的含量相对于山西组较低,表明山西组沉积期大量的陆源营养物质的输入提高了沉积物中的 Ba-bio 的含量(图 5-7)。然而,沁水盆地北部太原组和山西组的 Ba-bio 含量大致相同,这说明在太原组沉积期已有丰富的陆源营养物质输入,导致两组之间 Ba-bio 所指示的古生产力相当(图 5-8)。

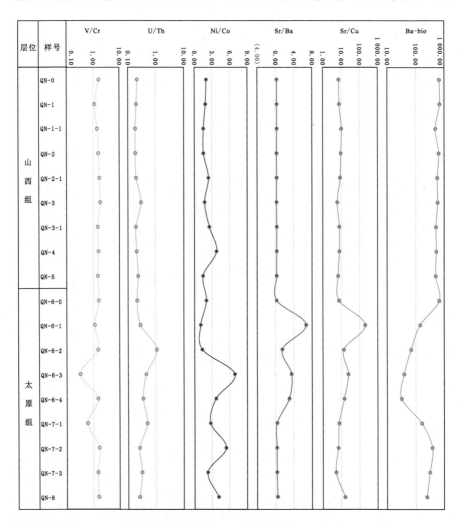

图 5-7　沁水盆地南部煤系微量元素比值及生物成因 Ba 含量分布

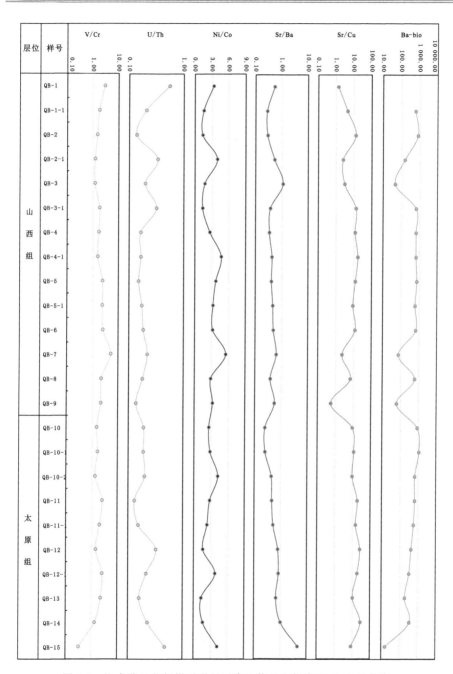

图 5-8　沁水盆地北部煤系微量元素比值及生物成因 Ba 含量分布

5.1.3 氧化还原条件

沉积地层中的 U、Mo、V、Ni 等元素通常被认为是氧化还原状态的敏感元素。U 元素一般以一种相对稳定的状态存在于沉积地层中,不易参与化学作用而迁移,能够很好地反映沉积期的水体环境条件。V 元素在氧化条件下,通常以酸根离子的状态存在,往往参与多种化学反应,因而其在沉积物中的含量会降低;而在还原环境中,会形成氢氧化物(氧化物)沉淀,在沉积物中富集。Ni 元素同样表现出在氧化环境中易迁移而在还原环境中富集保存的特征。为了减少单一元素进行氧化还原条件指示的误差,在本次研究中笔者采用 U/Th、V/Cr 和 Ni/Co 比作为判别煤系沉积期水体的氧化还原状态,具体数值参考 Jone 等(1994)提出的判别依据。同时,这些元素比值判别指标均表现为比值越高,水体的还原性越强;反之,水体的氧化性越强。

鄂尔多斯盆地东缘南段煤系 V/Cr、U/Th 和 Ni/Co 比值相对波动较大,指示了煤系沉积期不稳定的水体环境(图 5-5)。太原组和山西组样品的 V/Cr 比均小于 2,这一结果说明当时的水体环境很可能以氧化状态占主导;U/Th 比结果表明太原组沉积期存在一定时期的缺氧环境,而整个山西组沉积期为富氧环境;Ni/Co 比结果指示太原组和山西组总体上为弱氧化、弱还原环境(图 5-5)。盆地东缘中段太原组和山西组下段的 V/Cr、U/Th 和 Ni/Co 比值变化较大,而山西组中上段的这些比值相对稳定,这表明该区域在太原组和山西组早期水体环境相对动荡,整体上表现为间歇性的氧化与还原环境交替出现。太原组大多数样品的 U/Th 值大于 0.75,Ni/Co 值大于 7,这两种指标均表明太原组沉积期处于弱氧化、强还原的水体环境。山西组中上段的 V/Cr、U/Th 和 Ni/Co 比值相对稳定,均指示的是强氧化、弱还原的水体环境,这一氧化还原状态与山西组的三角洲相体系十分吻合(图 5-6)。

沁水盆地南部煤系 V/Cr、U/Th 和 Ni/Co 比在太原组表现出较大的变化,而在山西组分布稳定,这种分布趋势指示了太原组的水体氧化还原状态存在交替变化的情况,而山西组水体氧化还原状态相对稳定(图 5-7)。太原组样品中以高值的 U/Th 和 Ni/Co 比为主,均指示的是一缺氧环境,然而 V/Cr 比在该层位出现了两个较低的值,可能表明在太原组沉积期出现了短暂的水深变浅导致沉积物暴露在氧化环境中。山西组整个层位中的 V/Cr 比低于 2,U/Th 比低于 0.75 和 Ni/Co 比低于 5,均表明山西组沉积期为富氧水体的强氧化、弱还原环境。盆地北部煤系 V/Cr、U/Th 和 Ni/Co 比值在太原组和山西组中分布稳定,整体上变化不明显,这表明该区域在太原组和山西组沉积期的物源和环境的分异作用不明显(图 5-8)。同时,上述三种指标均指示太原组和山西组整体处于弱氧化、弱还原环境中,其间也存在短暂的强还原环境。

5.1.4　古盐度

古盐度是反映沉积期水体中盐度的信息,由此可以区分地层形成于淡水的陆相环境还是咸水的海相环境。微量元素判别是研究古盐度的有效途径,可以准确地恢复整个地质历史的古盐度信息(Tuttle et al.,2014)。大量的研究结果表明,Ba 在海水中的浓度高于淡水中的浓度,说明 Ba 的高含量表明了海洋环境具有高盐度的咸水沉积(Tuttle et al.,2014)。此外,Sr/Ba 比也经常用于鉴定沉积期水体环境,是可靠的古盐度指标。Sr/Ba 比值与水体的盐度成正比,其值越大,代表水体的盐度越高(咸水);反之,盐度越低(淡水)。前人研究成果表明,Ba^{2+} 在海水中易与 SO_4^{2-} 结合形成 $BaSO_4$ 沉淀,而 Sr^{2+} 不易沉淀,可继续在海水中迁移,因而海水中 Sr 元素的迁移能力优于 Ba 元素(孙彩蓉,2017)。本次研究中,笔者主要依据 Sr/Ba 比值来进行古盐度划分,从而判断煤系沉积期水体盐度信息,即:Sr/Ba>1 为海相沉积(咸水),1>Sr/Ba>0.5 为过渡相沉积(半咸水),Sr/Ba<0.5 为陆相沉积(淡水)。

结果表明,鄂尔多斯盆地东缘南段太原组样品中 Sr/Ba 比远高于山西组,其指示的是咸水沉积体系,而山西组样品中 Sr/Ba 比向上呈逐渐降低的趋势,至山西组上部 Sr/Ba 比低于 0.5,这也反映了水体盐度由咸水向淡水的过渡(图 5-5)。盆地东缘中段太原组样品 Sr/Ba 比均值高于 1,同样指示该组的沉积环境为海相,而山西组样品中 Sr/Ba 比稳定,基本上都小于 0.5,指示的是典型的陆相淡水沉积体系(图 5-6)。

沁水盆地南部煤系太原组下段样品中 Sr/Ba 比小于 0.5,也相对集中,而中上段 Sr/Ba 比显著增加至峰值 6.69,这一现象说明在太原组早期,该区域存在一定的浅海沉积或发生了明显的海退事件,而太原组中晚期海水作用显著加强,进入典型咸水沉积体系(图 5-7)。山西组整个层位的 Sr/Ba 比均低于 0.5,且分布均匀稳定,代表着一种陆相淡水沉积体系。盆地北部太原组底部 Sr/Ba 比高(大于 1),而上部 Sr/Ba 比低,由底部至顶部呈现明显的降低趋势,这说明沉积体系由海相逐渐过渡到陆相;山西组的 Sr/Ba 比表现出一定的波动性,但整体上仍以半咸水至淡水沉积为主,说明了在山西组沉积期以海退为沉积背景的基础上,间歇性地发生了海进事件,导致海水输入,地层中的盐度升高(图 5-8)。

5.2　古气候演化

古气候是浮游生物、高等植物等生产和繁殖的决定性条件,同时也是有机质堆积和保存的关键基础。煤系沉积期,适宜的温度有利于动植物的繁殖,可以极大地提高沉积期的初级生产力;充足的降水能够为植物提供丰富的水源,同时可以影响到沉积体系的水动力条件和盐度。微量元素在沉积地层中的迁移和富集受到各种外部环境的影响,又受到气候条件的制约。因此,微量元素的富集特征和部分元素的比值也可以作为重建古气候的重要指标(Bonis et al.,2010)。Cu 和 Ba 是由河流携带进入水体沉积体的外源元素(Tuttle et al.,2014)。当气候温暖潮湿时,河流水流量大,携带大量的 Cu 和 Ba。气候干燥炎热时,外部 Cu、Ba 含量降低,随着水分的蒸发,Cu、Ba 含量由不饱和状态逐渐过渡到过饱和状态。此时,Cu 和 Ba 将从水中析出,其在沉积物中的含量将显著增加。然而,外源元素的含量与分布往往受到物源区的岩石类型控制,导致由单一元素作为判别古气候指标时出现一定的误差。沉积地层中 Sr/Cu 比在对古气候信息的记录中有着良好的指示意义。低值的 Sr/Cu 比(1<Sr/Cu<10)反映的是温暖湿润的气候,而高值的 Sr/Cu 比(Sr/Cu>10)指示的是干燥炎热的气候。

Sr/Cu 比结果表明,鄂尔多斯盆地东缘南段在太原组下段表现为低值,均小于10,向上至太原组上部和山西组底部 Sr/Cu 比逐渐增大,超过了10,这说明该区域在太原组沉积期表现出较为温暖湿润的气候条件,而后至山西组沉积期表现为炎热干燥的气候条件(图 5-5)。盆地东缘中段,在太原组中段出现了高值 Sr/Cu,指示了在该期存在着干旱炎热的气候条件,这与 Li 等(2019)和孙彩蓉(2017)的研究成果相吻合(图 5-6)。在山西组中,Sr/Cu 比呈缓慢上升趋势,表现出气候由温暖湿润逐渐过渡为干旱炎热,也正是在这种情况下发育了由煤岩、泥页岩及砂岩交替出现的煤系沉积序列。

沁水盆地南部太原组中上段出现了高值的 Sr/Cu,远大于10,而下段表现出相对较低的比值,说明了该区太原组沉积期早期气候相对温暖湿润,而后期转为干热气候(图 5-7)。而进入山西组沉积期,整体的 Sr/Cu 比小于或者接近10,表明了气候相对温暖湿润,这一气候背景也奠定了沁水盆地南部山西组 3 号煤层的相对优势发育的气候基础。盆地北部太原组中段和下段 Sr/Cu 比均大于10,代表一种典型的干热性气候条件,而在太原组晚期可见明显的 Sr/Cu 比降低趋势,进入山西组早期表现为温暖湿润的气候条件,而后仍继承这一特征至山西组中上段(图 5-8)。

5.3　本章小结

　　沉积盆地的古环境、古气候决定了煤系有机质的富集与保存条件,进而影响了煤系烃源岩的质量,是控制油气生成的关键。Zr 和 Rb 元素含量及其比值表明,鄂尔多斯盆地东缘煤系沉积期水动力强度表现为南北强、中部弱的分布特征;垂向上,南部和北部太原组与山西组水动力强度相当,而中部太原组水动力强度低于山西组。沁水盆地北部煤系沉积期的水动力强度高于南部,北部受到陆源物质输入的影响明显强于南部。P/Al 比和 Ba-bio 含量指示,鄂尔多斯盆地东缘中段的古生产力指标远高于南段,说明了陆相营养物质的输入对古生产力的贡献远大于海洋环境。沁水盆地南北部的古生产力相当,不具有明显差异性,海洋生物对有机质丰度的贡献量和陆相高等植物相当。V/Cr、U/Th 和 Co/Ni 比表明,鄂尔多斯盆地东缘南段还原性指标普遍高于中段,指示盆地东缘南段可能为当时的沉积中心,水体环境处于缺氧的还原环境;而沁水盆地南北部氧化还原指标分异性不大。Sr/Ba 和 Sr/Cu 比结果表明,鄂尔多斯盆地东缘南段的煤系沉积期的古盐度高于中段,古气候相对温暖湿润;而沁水盆地北部煤系沉积期古气候较南部干燥炎热,且古盐度也明显高于南部。

第6章 盆地构造热演化进程及其动力学机制

　　沉积盆地的构造热演化不仅是盆地动力学的重要研究内容,也是油气勘探中不可或缺的前缘课题之一(何丽娟 等,2007;邱楠生 等,2020)。盆地的构造热演化贯穿着盆地形成与演化的整个过程,决定着盆地中各种能源矿产的生成与富集,尤其影响着有机质的成熟、生烃历程,控制着油气的生成、运移与聚集。近年来,盆地模拟技术已经成为盆地构造热演化研究中重要的手段之一,是定量化研究盆地演化过程中各种地质过程的有效方法。盆地模拟技术实际上是以地质原理为基础,通过获取相关的基础地质参数与热参数建立盆地模型,再结合计算机程序模拟计算得到盆地演化过程的埋藏史、热演化史、生烃史、排烃史等系列盆地地质过程及油气运聚规律的一种数值模拟手段。本章基于一维盆地模拟技术,结合华北晚古生代煤系烃源岩有机地球化学特征,重点剖析盆地构造热演化对煤系煤层和富有机质泥页岩成熟生烃的控制机理。

6.1　盆地晚古生代以来构造热演化

　　鄂尔多斯盆地东缘在构造单元上主要位于晋西挠褶带,由北向南可划分为四个次级构造单元区:保德-兴县背斜区、临县-柳林背斜区、永和-石楼背斜区、蒲县-吉县背斜区。晚古生代以来,盆地东缘的构造热演化明显受控于中新生代的华北板块与相邻板块的相互作用和华北克拉通内部的关键地质活动。

　　鄂尔多斯盆地东缘南段大宁-吉县地区位于晋西挠褶带的南端,区内大规模构造不发育,仅见薛关-窑曲背斜、薛关断层等小型褶皱或断层。盆地模拟结果表明,晚石炭世以来,区内煤系太原组和山西组持续沉降,至三叠系末期,发生了一次小规模的抬升剥蚀事件,剥蚀量约500 m,而后地层再次进入沉降阶段,形成了巨厚层的侏罗系砂岩沉积(图 6-1)。中侏罗世,煤系的埋深达到了 4 000 m,较大的埋深使得煤系的温度接近 200 ℃。而后,受燕山期构造活动的影响,区域的热流值上升,同时也伴随着第二次大规模的长期抬升剥蚀事件的发生,使得区内侏罗系地层遭受严重的剥蚀,抬升剥蚀量超过 2 000 m。第二期抬升剥蚀事件从晚侏罗世一直持续到新近纪,在整个华北地区均有不同程度的响应,代表着燕山运动和喜山运动综合作用的结果。自晚古生代以来,大宁-吉县地区的热流值变化幅度较小,煤系沉积期(石炭-二叠纪)热流值约 60 mW/m²,受区域构造活动影响,略有小规模的波动。随着燕山运动的发生,受区域岩浆活动影响,热流值在早白垩世上升至 84 mW/m²,达到了峰值。新生代后,热流值逐渐降低,达到了现今值约 60 mW/m²(任战利 等,2007;Yu et al.,2017)。

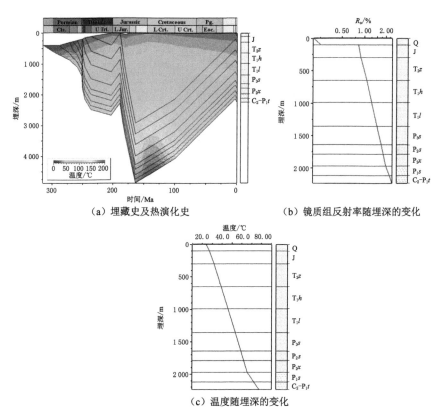

(a)埋藏史及热演化史　　　(b)镜质组反射率随埋深的变化

(c)温度随埋深的变化

图 6-1 鄂尔多斯盆地东缘南段一维盆地模拟结果

　　前人研究发现,位于盆地东缘中段的临兴地区,横跨保德-兴县背斜区和临县-柳林背斜区,区内有一明显的岩浆活动,即紫金山岩体。不同学者对紫金山岩体的侵入时间做了大量的研究工作,认为其侵入时间为 136.7～125.3 Ma(陈刚 等,2012)。临兴地区的这一燕山期重要岩浆作用,极大地改变了古热流值与古地温场的特征。这一大规模的岩浆侵入热事件被很好地记录在锆石/磷灰石裂变径迹和煤系烃源岩的成熟演化过程。临兴地区的晚古生代煤系温度明显受到紫金山岩体的影响,其地温梯度自岩体中心向四周辐射降低,呈环形分布(图 6-2)。岩体中心的地温梯度最高,可达 43～58 ℃/km,远离岩体的外围地温梯度可达 33 ℃/km。同样,煤系烃源岩的热成熟度也发生了相应的改变,其分布特征表现出与地温梯度良好的耦合性。由此,开展盆地东缘的构造热演化研究对煤系烃源岩的成熟与生烃历史认识有重要意义。

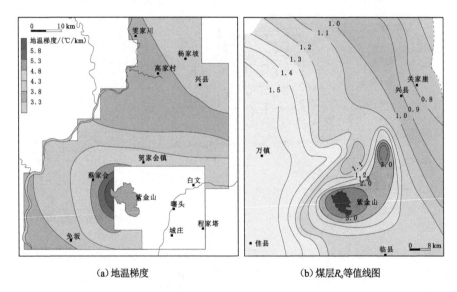

(a)地温梯度　　　　　　　　　　(b)煤层R_o等值线图

图 6-2　鄂尔多斯盆地东缘中段临兴地区地温梯度和煤层热成熟度演化图
(修改自祝武权,2017;顾娇杨等,2016)

　　基于 PetroMod 一维盆地模拟技术,图 6-3 给出了鄂尔多斯盆地东缘中段临兴地区的埋藏和热模拟结果。盆地埋藏史模拟结果表明,鄂尔多斯盆地东缘自晚古生代以来迅速沉降,并伴随两次大型隆起抬升事件,包含两个主要沉降阶段和两个主要隆升阶段。自石炭纪末期延伸至三叠纪末期(315～205 Ma)的第一次沉降阶段,太原组和山西组煤系烃源岩的埋深达到第一个峰值

2 400～3 000 m。此后,受印支运动影响,第一次隆升事件发生于晚三叠世末期
(205 Ma),抬升剥蚀速率高,剥蚀厚度 300～500 m。从早侏罗世到晚侏罗世
(191～163 Ma)的第二次沉降阶段,煤系烃源岩被埋藏到第二次峰值深度
3 500～3 700 m。晚侏罗世以来,伴随着燕山造山运动,盆地东缘中段发生了
第二次隆升事件,经历了长期的风化剥蚀作用,并持续到今(163～0 Ma),剥
蚀厚度为 1 100～2 000 m(孙少华 等,1997)。盆地的热演化史分析是认识烃
源岩成熟演化的关键。为了减小热模拟过程中的误差,用实测的热指标(镜质
组反射率)对模拟热参数进行校正,以达到最可靠的模型(图 6-3)。

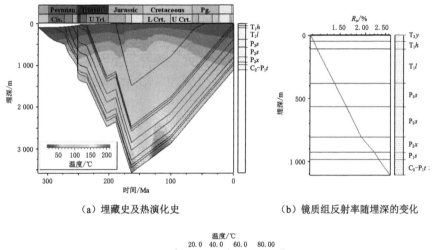

（a）埋藏史及热演化史　　　　（b）镜质组反射率随埋深的变化

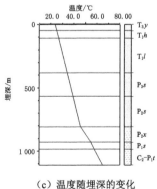

（c）温度随埋深的变化

图 6-3　鄂尔多斯盆地东缘中段一维盆地模拟结果

　　盆地东缘中段临兴地区热模拟结果表明,晚石炭世至晚三叠世的第一次
盆地沉降作用最强,其次是早中侏罗世的第二次沉降事件。含煤地层的持续

埋深,导致地层的温度逐渐升高,煤系烃源岩的温度在晚侏罗世早期超过150
℃(图6-3)。之后,由于晚侏罗世第二次大规模隆升伴随的岩浆活动,在临兴
地区形成了紫金山岩体,高温岩体的迅速侵位导致区域沉积岩系的快速异常
升温。此时,区内热流值迅速增加,在早白垩世达到峰值,并在一段时间内保
持稳定。相应,太原组和山西组的温度达到峰值的213℃(图6-3),这一较高
的温度在低位热年代学数据中有着良好记录,导致了锆石/磷灰石裂变径迹的
部分或完全退火(陈刚 等,2012;丁超 等,2016)。总的来说,盆地东缘中段热
流值从石炭纪末期的初始值63 mW/m² 达到三叠纪末第一次峰值85~97
mW/m²,然后在侏罗纪早期下降到68~72 mW/m²。在中侏罗世,热流持续
上升到晚白垩世的第二个峰值128 mW/m²。古近纪后,热流开始逐步下降,
达到现今值约60 mW/m²。

　　盆地东缘中段临兴地区最为明显的构造热事件即为晚侏罗-早白垩世的
紫金山岩浆活动的爆发,这对应于华北克拉通中新生代构造热体制的转换时
期。晚侏罗世以来,受太平洋板块的西向俯冲作用影响,华北克拉通的破坏,
岩石圈的减薄,软流圈物质上涌,导致了华北东部大量岩浆活动和成矿事件的
爆发。尽管鄂尔多斯盆地位于克拉通西部地块,其东缘或多或少受到了这一
时期的构造热活动影响,且紫金山岩浆岩的活动时限和华北克拉通破坏的峰期
对应(早白垩世)也是良好的证据。陈刚等(2012)通过对紫金山岩体的地球化学
成分分析认为其具有壳-幔过渡带的深部岩浆来源特征,与华北克拉通壳-幔构
造活动综合作用密切相关。因此,结合盆地模拟结果,笔者认为华北克拉通破
坏的西部界限可能达到鄂尔多斯盆地东缘。而对于油气资源成藏,临兴地区早
白垩世岩浆活动的热效应极大地促进了晚古生代煤系烃源岩强烈快速的成熟
生烃作用,对于该区域的油气生成、运移及保存具有重要的地质意义。

　　盆地东缘北段的晚古生代煤系构造热演化过程,由于缺乏相关的测试结
果与钻井资料,本次分析借鉴了姚海鹏在该区域的研究成果。姚海鹏基于
PetroMod软件对盆地东缘北段的ZY1井做了详细的模拟工作,结果表明石
炭-二叠纪煤系稳定沉积期,区内的地温梯度相对低,为22~24 ℃/km,地层
埋深在二叠纪末期达到1 000 m。进入三叠纪,盆地仍处于持续沉积阶段,地
层埋深持续增大。在晚侏罗世,煤系太原组和山西组埋深达到峰值2 500 m,
而后受到鄂尔多斯盆地北部西伯利亚板块南向挤压以及太平洋板块西向俯冲
的综合影响,区内发生了抬升剥蚀,抬升幅度800 m。随着燕山期构造运动的活
跃,区内的地温梯度在早白垩世升高至35 ℃/km,地层温度达到峰值115 ℃。
晚白垩世以来,盆地受到区域挤压作用影响,持续抬升,地层遭受剥蚀。

总体上,鄂尔多斯盆地东缘构造热演化程度呈明显的南强北弱分布趋势,中段局部受到岩浆热活动的改造影响。这一分布特征的形成原因归根于晚古生代以来的沉积作用与构造活动的综合控制。一方面,构造活动导致了盆地北部隆起、南部坳陷的古地貌格局。盆地的沉积中心向南迁移,使得晚古生代煤系在南部的埋深远高于北部,从而受到的埋深热变质作用较强,因此热演化程度较高。另一方面,以紫金山岩浆活动为代表的燕山期岩浆作用发生在盆地东缘中段的临兴地区,使得该区域的地温场受到了岩浆活动的改造,沉积岩系经历了较强的岩浆热变质作用影响,使得中段的热演化程度出现异常。

沁水盆地南部马必地区的埋藏和热演化模拟结果如图 6-4 所示,测量的热参数(R_o)与模拟的热曲线达到了最佳匹配,表明模拟结果的可靠性(Opera et al.,2013;Mohamed et al.,2016)。从晚石炭世至晚三叠世末,沁水盆地南部迅速沉降,最大沉降速率达到近 90 m/Ma,到三叠纪末期煤系烃源岩的埋深达到 5 000 m(图 6-4)。该阶段区内地温场处于正常地热场范畴,地温梯度约为 42 ℃/km,含煤地层的温度约为 118 ℃(图 6-4)。早侏罗世,受太平洋板块西向俯冲引起的华北克拉通区域性隆升(Ritts et al.,2004;Kusky et al.,2016),沉积地层受到小规模侵蚀,含煤地层温度降低。中侏罗世以来,研究区进入了第二次短期沉降阶段,沉降速率较低,约为 15 m/Ma,地层温度随埋深增加缓慢升高。晚侏罗世至早白垩世期间,由于燕山期岩浆热事件的影响(Zhu et al.,2011,2017),沁水盆地南部进入了异常热演化阶段,最高地热梯度为 85 ℃/km,最高温度在 200 ℃以上(图 6-4)。由此可以推断,燕山造山期的热流值和温度达到了峰值,此后没有发生强烈的热事件。这一认识与 Sun等(2018)依据本区的锆石裂变径迹结果一致。此外,沁水盆地中生代火成岩的同位素年龄 110~150 Ma(主峰 120~140 Ma),表明此次沁水盆地南部强烈的岩浆热事件发生在早白垩世(任战利 等,2005)。晚白垩世以后,沉积地层以较低的速度抬升剥蚀,含煤地层的温度在抬升过程中逐渐冷却。此后,受新生代构造活动的影响,隆起速度加快,沉积地层被大量抬升侵蚀,导致温度迅速下降。现今,沁水盆地南部地温梯度约为 36 ℃/km,为一正常的地温场。值得注意的是,发生在沁水盆地南部的中生代岩浆热事件的强度与邻近的南华北盆地和鄂尔多斯盆地同期的热事件有显著差异(孙占学 等,2006;任战利等,2007;孟元库 等,2015),造成差异热演化的原因很可能与华北克拉通破坏这一重大地质事件相关。

沁水盆地中北部榆社地区位于沁水复向斜的东翼,区内褶皱和断层走向呈NNE 向展布,且集中分布于西部。盆地埋藏史结果表明,晚古生代煤系太原组

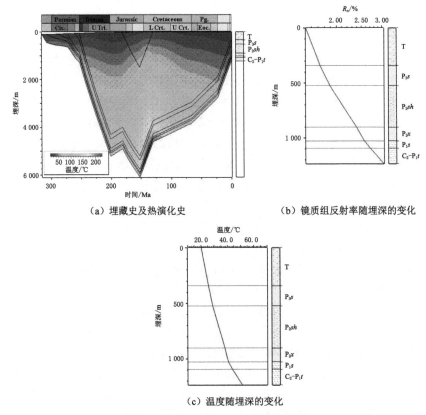

（a）埋藏史及热演化史　　　　（b）镜质组反射率随埋深的变化

（c）温度随埋深的变化

图 6-4　沁水盆地南部一维盆地模拟结果

和山西组在石炭-二叠系持续沉降,在三叠纪末期埋深达到了第一次峰值 5 100 m,伴随着最大沉降速率 40 m/Ma。早侏罗世,受早燕山运动的影响,区内经历了一次小规模的构造抬升作用影响,抬升剥蚀量约 400 m(图 6-5)。此后,区内继续接受沉积,在晚侏罗世,煤系太原组和山西组的埋深达到峰值 5 300 m。晚侏罗世末期至今,受燕山运动与喜山运动的共同影响,区内经历长期的大规模抬升剥蚀,总抬升剥蚀量接近 3 500 m(图 6-5)。这一阶段的抬升剥蚀过程可分为三个阶段:第一阶段为早白垩世初期的快速隆升期,对应于华北克拉通破坏的关键时期;第二阶段为早白垩世中期到古近纪的缓慢隆升期;第三阶段为古近纪末期至今的快速隆升期,该期的构造隆升很可能受喜山期印亚板块陆陆碰撞的远程效应影响。盆地热演化史结果表明,晚石炭世至早侏罗世,区内为一稳定的沉积体系,构造不活跃,热流值较低,为 $68\sim76$ mW/m^2。

中侏罗世后,区内热流迅速增加,在晚侏罗世至早白垩世期间达到峰值 120 mW/m²,对应于区内煤系经历的峰值温度 221 ℃(图 6-5)。这一强烈的热事件很可能受当时华北克拉通破坏的影响。地壳减薄,软流圈物质上涌,频繁岩浆活动携带大量的热到沉积地层中,改变了原有的地温场,使得热流值快速上升。自晚白垩世开始,随着构造活动趋于稳定,热流逐渐减小到现今值 67 mW/m²。

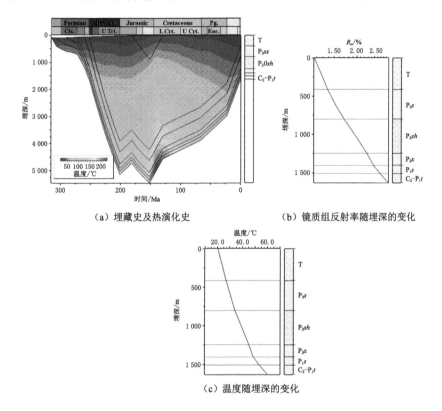

（a）埋藏史及热演化史　　　　（b）镜质组反射率随埋深的变化

（c）温度随埋深的变化

图 6-5　沁水盆地中北部一维盆地模拟结果

　　基于以上盆地构造热演化模拟的结果,沁水盆地晚古生代以来的构造热演化较为复杂,有着显著的地温与热流变化,这一地质过程很大程度上受华北克拉通破坏的影响。沁水盆地构造热演化大体可分为四个阶段:① 晚石炭世至晚三叠世埋深热变质控制的缓慢升温阶段,此阶段盆地稳定接受沉积,煤系埋深逐渐增加,温度缓慢升高但低于 150 ℃;② 早中侏罗世构造隆升控制的温度波动阶段,盆地受中生代扬子板块的俯冲作用影响,引起了小规模的区域抬升,地温波动变化,但地温场未发生明显改变;③ 晚侏罗世至早白垩世岩浆活动控制的异常升温阶段,受燕山期克拉通破坏的影响,壳幔相互作用活跃,岩浆活动频繁,导致沉积岩系温度快速升高,超过 200 ℃;④ 晚白垩世至今的缓慢冷却阶段,伴随着区域隆升作用,盆地持续抬升,地层温度缓慢下降,达到现今地温场。总体上,沁水盆地中生代晚侏罗世至早白垩世的构造热事件受岩石圈深部构造热活动引发的岩浆作用控制,晚古生代煤系的热演化进程明显受到了中生代晚期异常高热流及地温场的影响。

6.2　中新生代岩浆活动的热效应

岩浆活动是地球深部物质-能量迁移的最重要的表现形式(Green,1972)。它不仅是岩石圈的组成成分之一,而且是所在地段地球动力环境的良好标志。华北克拉通自中生代大陆岩石圈活化以后,岩石圈地壳正是通过岩浆岩的岩浆作用而发生分异和再分配。区内大面积出露的岩浆岩是壳幔相互作用的直接证据,是造成许多重大构造热事件的主要表现方式,这极大地控制了燕山期沉积盆地煤系烃源岩热演化的进程。

火成岩的岩浆活动范围是探讨壳幔相互作用强度及其热效应影响尺度的重要途径。华北地区的岩浆活动主要包含侵入型岩浆和喷出型岩浆两大主要作用方式。华北克拉通中生代以前地壳稳定,壳幔作用微弱,岩浆活动不活跃。其指示的是稳定克拉通背景下的小规模地幔热扰动(邱瑞照 等,2004)。海西期是华北板块与蒙古微地块拼叠形成中国北方大陆时期,印支期是华北板块与华南板块拼叠形成中国大陆时期,这两个时期岩浆活动范围主要限于华北板块边缘,而内部几乎无岩浆活动,指示海西期和印支期岩浆活动对华北内部的影响较小(尹国庆,2007;图 6-6)。因而,华北克拉通自晚太古代至侏罗纪期间,区域内没有较大规模的幔源岩浆事件,也表明了侏罗纪之前岩石圈的壳幔结构长期处于稳定状态。

自侏罗纪以来,华北克拉通被活化,燕山期岩浆作用强烈且分布广泛(赵刚,2008;张旗 等,2009),该时期的花岗岩 Sr-Nd 同位素结果表明具有壳幔混合源区特征(Wu et al.,2000;汪洋 等,2001;翟明国,2010;邱瑞照 等,2006)。晚侏罗世以后岩石圈大面积拆沉,晚侏罗世至早白垩世的强烈岩浆活动时期,与中生代晚期大规模成藏成矿和壳幔作用[(120±10) Ma]相对应(邱瑞照等,2004)。华北克拉通中生代火成岩在空间上形成了 NEE 向的分布带和 NWW 向的分布带(图 6-6)。根据前人对火成岩出露面积统计(表 6-1),燕山期侵入岩以胶东台隆的花岗岩出露面积最大(33%),其次在燕山、鲁西地区约

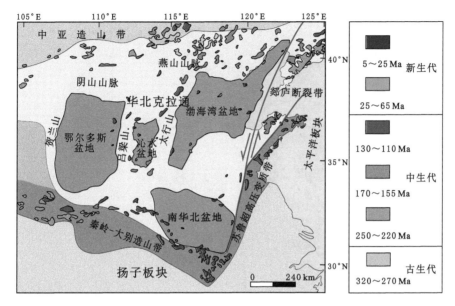

图 6-6　华北克拉通中新生代岩浆岩空间分布图

（岩浆分布位置收集自 Jiang et al.，2007；张旗等，2009；Liu et al.，2012；Ying et al.，2007；
Xu et al.，2013；Zhang et al.，2014；Wan et al.，2014；郑建平等，2018）

占 16%，而鄂尔多斯仅东缘有火成岩出露。华北克拉通燕山期花岗岩占整个华北侵入岩的 93.6%，说明伴随燕山运动对华北克拉通的"改造"以壳幔混合型岩浆为主，其影响区域覆盖了华北中部和东部地区（邱瑞照 等，2004）。其中，在鄂尔多斯盆地东缘和沁水盆地及其周缘地区主要以侵入性岩浆作用为主，伴随着局部喷出型岩浆活动，是控制华北中部沉积盆地构造热演化进程最明显的地质事件。

新生代岩浆活动强烈，玄武质岩浆岩分布广泛，与大地构造环境密切相关。新生代岩浆岩主要分布在太平洋板块西侧的华北东部板内断陷盆地及其周缘造山带，其分布受新生代的活动带和断裂带控制（图 6-6）。然而，华北克拉通内部，新生代的岩浆活动集中发育于渤海湾盆地及渤海盆地，对于晚古生代盆地沉积岩系的影响微弱。因此，岩浆岩的分布再次证实中生代，尤其是燕山期岩浆活动是控制沉积盆地构造热演化的主要热动力因素。中新生代是华北克拉通强烈而频繁的岩浆活动期，在活动方式上，东部的滨太平洋区域以火山作用为主，中部以侵入岩为主，构成多期次交替更迭；在时间上，中新生代皆有活动，以晚侏罗世至早白垩世时期最为强烈。

表 6-1   华北部分构造单元地层和岩浆岩侵入体出露面积统计(据地质图出露面积统计)

	区域	基岩	沉积地层	花岗岩	中性岩	基性岩	超基性岩
基岩出露面积统计/%	胶东台隆	36.0	29.1	33.4	1.2	0.2	0.1
	鲁西台隆	26.7	55.4	15.7	1.7	0.1	0.2
	燕山台褶带	13.0	65.2	15.9	5.2	0.5	0.1
	豫西台隆	15.0	71.6	12.4	0.7	0.3	0.0
	山西台隆	67.3	31.1	1.1	0.4	0.1	0.0
	华北地台	25.6	47.9	24.8	1.4	0.3	0.0
	区域	花岗岩	中性侵入岩	基性侵入岩		超基性岩	
燕山期侵入体出露面积统计/%	燕山台褶带	73.32	23.74	2.44		0.49	
	鲁西台隆	88.24	9.80	0.78		1.18	
	胶东台隆	95.77	3.36	0.62		0.25	
	豫西台隆	92.23	5.34	2.43		0.00	
	华北地台	93.60	5.23	1.02		0.16	

6.3   构造-岩浆热演化的动力学机制

鄂尔多斯盆地东缘上古生界煤系烃源岩生烃和油气成藏主要由中新生代构造热演化事件决定(任战利 等,2007;Yu et al.,2020)。因此,鄂尔多斯盆地中新生代构造演化与煤系有机质的富集、热成熟和生烃关系密切,为从盆地演化的角度揭示煤系气体的富集分布规律及其与构造热演化的关系提供了基础。早古生代寒武纪至奥陶纪,鄂尔多斯盆地东缘为海相碳酸盐台地,稳定接受沉积[图 6-7(a)]。盆地东缘在晚奥陶世经历了大规模的隆升和广泛的剥蚀作用,导致了晚奥陶世地层的破坏,形成了含煤地层的沉积基底。晚石炭世,华北地区发生了大规模海侵,盆地东缘再次进入稳定的沉降阶段,形成了上古生界重要的煤系烃源岩层位[图 6-7(b)]。这一时期稳定的盆地环境为煤系烃源岩提供了良好的保存条件,奠定了上古生界煤系气田的地质基础。

早中生代印支期,受周缘板块俯冲和碰撞的影响,鄂尔多斯盆地进入克拉通内部坳陷阶段,在三叠纪地层中沉积了大量的陆源碎屑沉积物,导致含煤地层的埋深和温度迅速增加[图 6-7(c)]。煤系烃源岩经历持续加热,在中侏罗世达到湿气阶段。早白垩世燕山期,随着太平洋板块西向俯冲作用的加强,华北克拉通的破坏达到峰期,岩石圈持续减薄,大量幔源物质上涌,岩浆活动频

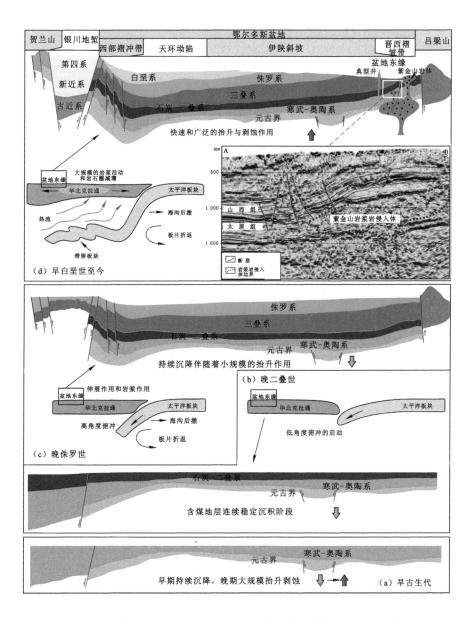

图 6-7　鄂尔多斯盆地晚古生代以来的构造演化模式及动力学机制

(修改自杨俊杰,2002;Zhu et al.,2017;邹雯等,2016)

繁[图 6-7(d)]。这一阶段紫金山岩体的形成是鄂尔多斯盆地东缘中最具有代表性的构造热事件。前人年代学研究表明,紫金山岩体形成于 125～138 Ma(陈刚 等,2012;Ying et al.,2007)。这一岩浆热活动与华北克拉通中大量的伸展构造(包括变质核杂岩、同构造岩浆岩和伸展盆地)的形成时期相一致[130～126 Ma,图 6-7(d);Zhu et al.,2011;林伟 等,2013]。岩浆侵入体直接加热了其周围的煤系烃源岩,这一现象在该地区的地震剖面中可以明显地识别出来[图 6-7(d)]。深部热物质携带的巨大热量使煤系烃源岩迅速成熟,有机质达到干气生成阶段,在鄂尔多斯盆地东缘形成上古生界以热成因为主的气藏,这一点从烃类气体的组成和稳定碳同位素可以证实(Yu et al.,2020)。晚白垩世以来,受喜马拉雅造山运动的区域挤压作用,盆地整体持续隆起并延续至今[图 6-7(d)]。在这一时期,沉积地层受到强烈抬升,导致地层大面积风化剥蚀,煤系气藏遭到破坏,气体发生运移和逸散。

自古生代以来,鄂尔多斯盆地东缘的多期构造运动对煤系烃源岩的生烃和排烃起到了至关重要的作用。海西期奠定了煤系烃源岩有机质富集与沉积成岩的基础,印支期控制了烃源岩的最大埋藏深度和埋深热变质程度。燕山运动峰期,鄂尔多斯盆地东缘出现了较大规模强烈岩浆热活动,煤系烃源岩经历了快速成熟和大量生烃阶段。因此,煤系气资源的形成大多发生在燕山期。喜山期,印亚板块的碰撞伴随的强烈隆升剥蚀作用导致上古生界煤系气藏破坏,部分气体逸散。综上,鄂尔多斯盆地东缘的构造热演化和煤系烃源岩生烃是由燕山期太平洋板块向西俯冲作用起主导作用的。

中生代以来,太平洋板块向亚洲大陆东部的西向俯冲影响了华北克拉通沉积盆地的构造演化,决定了烃源岩的成熟演化、生排烃的强度和时限(Johnsson et al.,1993;Hao et al.,2011;Qiu et al.,2016)。为揭示华北克拉通中部沁水盆地的构造热演化动力学机制,建立了沉积、构造和岩浆活动的综合地质模型,进而认识沁水盆地构造热演化与油气赋存的关系(图 6-8)。晚元古代以来,华北板块经历了长期的隆升和侵蚀(Kusky et al.,2007;Santosh et al.,2012)。中寒武世之前,沁水盆地处于海相沉积阶段,为一广阔的大陆架沉积体系,发育了寒武系和中、下奥陶系碳酸盐岩(Kusky et al.,2016),形成了早期克拉通盆地的基底。中奥陶世以后,受华北板块南缘扬子板块和北缘西伯利亚板块俯冲作用的影响,该区域持续隆升,并在一段时间内处于侵蚀状态(任战利,1998)。晚石炭世以来,沁水盆地经历多期次的海侵海退事件,沉积了石炭-二叠系含煤地层[图 6-8(a);Wei et al.,2007;Meng et al.,2019]。此后,沁水盆地煤系烃源岩的热成熟演化完全受控于华北克拉通内部的沉积构造演化。沁水盆地的主要构造热事件发生的时间对应于华北克拉通从亏欠地幔到富集地幔的过渡时期(Zhu et al.,2011),这也与华北克拉通岩石圈减薄和构造体制转换时期相一致(任战利 等,2005)。

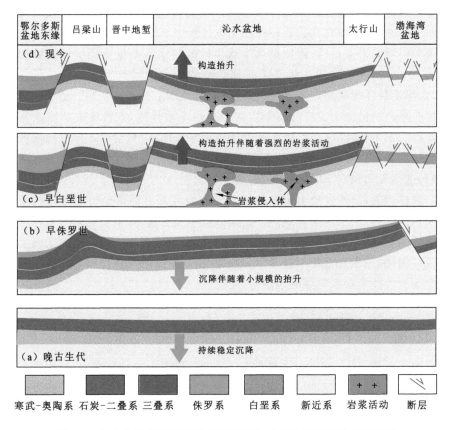

图 6-8　沁水盆地关键地质历史时期沉积、构造与岩浆事件地质模型

(修改自 Yu et al.,2020)

根据盆地模拟结果与华北克拉通构造演化的关系,可将该构造热事件划分为埋深热变质阶段和岩浆热变质阶段。

① 深成热变质阶段[图 6-8(b)]。三叠纪期间,沁水盆地仍处于稳定的沉降阶段,构造活动较弱。随着含煤地层埋藏深度的增加,来自深部岩石圈的热辐射对烃源岩的热效应逐渐增强。因此,含煤地层埋深增加至 4 500~5 200 m,地层受热温度增加至 118 ℃,烃源岩经历了深成变质作用[图 6-8(b)]。随后,受太平洋板块西向俯冲和扬子板块北向俯冲作用的影响,沁水盆地在晚三

叠世至早侏罗世经历了小规模的隆起和侵蚀[图 6-8(b)]。此后,该区再次进入短期沉降阶段,但烃源岩成熟度基本保持不变。

② 岩浆热变质作用[图 6-8(c)]。从晚侏罗纪到白垩纪早期,沁水盆地再次抬升和遭受风化剥蚀,同时伴随着热流值的快速增加。受太平洋板块持续向西的俯冲影响,华北克拉通破坏发生在侏罗纪末期,导致克拉通东部岩石圈减薄和广泛的岩浆活动,而位于克拉通中段的沁水盆地也受到了较大的构造岩浆热事件的改造作用。软流层深部热物质的上涌释放出大量的热量。因此,含煤地层在短时间内迅速升温,地层温度急剧上升至 200 ℃。沁水盆地烃源岩在早白垩世经历了广泛而强烈的岩浆热变质作用,有机质成熟度达到干气阶段。新生代,该区仍以隆起和剥蚀占主导作用,导致含煤地层埋藏深度和温度逐渐降低。喜马拉雅运动的挤压隆升作用进一步改变了该区构造热演化格局,进而演化到现今的稳定状态[图 6-8(d)]。

总体而言,沁水盆地上古生界煤系烃源岩在晚三叠世经历了深埋热变质作用,有机质达到了生油晚期阶段的阈值。早白垩世,煤系烃源岩受强烈岩浆热事件的影响,经历了显著的岩浆热变质作用,进一步将有机质推向干气生成阶段。因此,沁水盆地在早白垩世发生了第二次强烈生烃作用,是形成石炭-二叠系较大规模煤系气藏的地质基础。

6.4 华北克拉通盆地分异演化的动力学机制

早古生代以来,华北板块南北两侧地区为被动大陆边缘环境,区内广泛接受陆表海沉积,并在元古代陆核基底上发育以海相碳酸盐岩为主的稳定沉积盖层(吕大炜,2009)。早古生代晚期,位于华北板块南侧的古秦岭洋和北侧的古亚洲洋板块向华北板块俯冲,使得构造体制转换,由被动大陆边缘转化为活动大陆边缘,并在南北两侧发育完整的沟-弧-盆构造体系(马永生 等,2006;吕大炜,2009)。晚古生代以来,受扬子板块和西伯利亚板块向华北板块的递进式拼合过程的影响,使得华北板块的沉积与构造体制得到了系列调整,其中经历了重要的加里东运动和海西运动两大重要构造事件。加里东运动在华北地区表现极为广泛而强烈,使得全区缺失上奥陶统至下石炭统沉积地层,导致沉积间断持续约 138 Ma(吕大炜,2009)。二叠纪的海西运动结束了华北古生代陆表海的沉积格局,进入了河流相和湖相沉积体系。

华北克拉通古生代的沉积构造活动奠定了石炭-二叠系煤系沉积的基础,而后随着古亚洲洋和古秦岭洋分别在石炭纪和二叠纪的消亡,华北克拉通在中新生代进入了陆内造山阶段,相应地发生了盆地的分异演化,形成了现今复杂而广泛分布的盆山(沉积盆地与造山带)耦合演化系统。现今华北板块自西向东分布着鄂尔多斯盆地、沁水盆地、南华北盆地和渤海湾盆地等几个典型的沉积盆地,其中前两者广泛发育晚古生代含煤地层,因此也是我们本次研究中的关注重点(图 6-9)。鄂尔多斯盆地被其北缘的阴山造山带、西缘的贺兰山、东缘的吕梁山及南缘的秦岭造山带所围限,而沁水盆地被其东侧的太行山、西侧的吕梁山所围限。受中新生代构造活动的影响,这些盆地和周缘造山带在时空上进行相互作用、耦合演化。

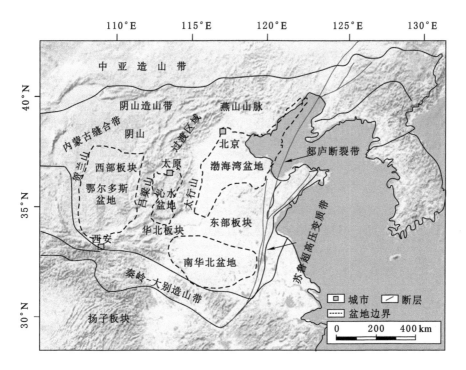

图 6-9　华北克拉通现今沉积盆地和造山带分布图

　　盆地和造山带是大陆岩石圈的两个重要构造单元,构成了地球表面的主要结构(Liu et al.,2003)。华北克拉通的沉积与构造分异演化形成的复杂盆山系统是长期受古亚洲构造体系域、太平洋构造体系域以及特提斯构造体系域共同作用的影响(王桂梁 等,2007;琚宜文 等,2011,2015)。中新生代以来,华北克拉通盆地先后经历了印支期、燕山期及喜山期三大构造旋回的差异构造活动,同时遭受了壳幔活动对岩石圈改造作用的影响,在不同区域产生了不同的盆山演化过程,进而制约了晚古生代煤系构造热演化进程与有机质生烃、运移、成藏机理。因此,开展华北克拉通晚古生代盆地分异演化过程的构造动力学讨论,对认识华北地区主要能源盆地油气资源赋存机理与勘探开发评价技术具有重要的科学意义与应用价值。

沉积盆地的形成和演化过程中,不同类型的盆地不仅在纵向和横向上叠加重组,而且与周围的造山带系统具有不同的耦合效应。盆地与造山带相互补充、相互依赖,构成了地球表面的主要构造(Oldow et al.,1990;Li et al.,2010)。现今华北的克拉通型盆地是晚古生代原型克拉通盆地在板块作用的过程中面积缩小而形成的(Ju et al.,2022)。由于周围的板块/块体先后与华北板块发生碰撞,华北板块自中生代以来一直处于被俯冲或碰撞带包围的三角汇聚状态(Ju et al.,2022;Li et al.,2013)。这种伴随其产生的深部过程的超汇聚不仅导致了华北克拉通东部的破坏,也导致了华北克拉通盆地逐渐向西收缩(图6-10)。中新生代沉积盆地叠加在盆地内部或边缘的老盆地上,包括鄂尔多斯盆地、沁水盆地、南华北盆地及渤海湾盆地,以及华北北部残留的一些小盆地,自东向西呈单斜序分布(Ye et al.,1985;Liu et al.,2005)。因此,本部分通过讨论华北克拉通自中新生代以来盆山耦合演化和盆山关系,总结了挤压、挤压-伸展转化以及伸展等不同类型的盆山动力学演化过程,厘定了华北克拉通盆地差异演化的构造动力学机理。

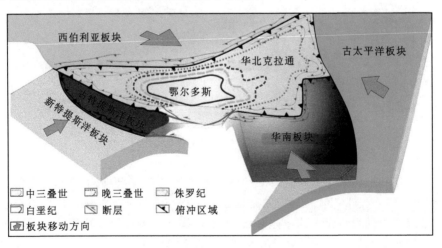

图 6-10   不同地质历史时期华北地区克拉通盆地的收缩范围示意图

(修改自 Li et al.,2013;Ju et al.,2022)

　　(1)挤压阶段(晚三叠世—晚侏罗世)

　　早中生代印支运动是中国东部地区地质演化的一个重要转折点。华北克拉通的构造域转换过程启动由古亚洲构造动力学体系向古特提斯和古太平洋构造动力学体系转变,区域构造体制上由"南北分异、东西分布"发展到"南北分异、东西分化"(Lin et al.,2011)。从二叠纪到早中三叠世,古特提斯板块俯冲于华北板块之下,对华北克拉通的构造稳定性影响不大(Hacker et al.,1998)。而中三叠世的印支运动是华北克拉通晚古生代沉积盆地分异演化过程启动的过渡期(Meng et al.,2019)。这一过程主要受华北板块南缘秦岭-大别造山带和北缘的阴山-燕山造山带的继承性构造活动控制,使得华北克拉通处于南北挤压的应力状态。然而,南北两侧的构造挤压作用对克拉通内部的影响是微弱的,在克拉通南北边缘形成了围限边界,使得克拉通边缘区域呈明显的东西向条带状隆坳分布的构造形态(图 6-9)。沉积地层的变形构造模式主要为近东西向的隆起和凹陷,以及从盆地边缘指向盆地内部的逆冲推覆体(Wang et al.,2014)。印支运动的另一表现形式是晚三叠世华北克拉通东部隆起、克拉通东部沉积边界向西退至太行山[图 6-10、图 6-11(a)]。华北克拉通东部渤海湾盆地中没有晚三叠纪沉积,地震和钻探资料显示下侏罗统与中、下三叠统不整合,说明华北克拉通东部构造变形伴随隆起。

　　印支运动后,随着特提斯-古太平洋构造动力体系的影响增强,华北克拉通进入活动大陆边缘阶段,此后克拉通的活化开始启动。华北克拉通的破坏经历了中生代安第斯活动大陆边缘演化和新生代西太平洋活动大陆边缘演化。第一阶段是以岩石圈增厚造山运动为背景的挤压变形为主,挤压变形强度从板块东缘向西逐渐减弱。中生代以来,华北克拉通和相邻板块之间的相互作用与碰撞不仅导致在其南部边缘形成秦岭-大别造山带,而且在其北部燕山地区出现了强烈变形和造山运动,发育了东西走向的褶冲带、玄武岩流、中酸性火山系统以及侵入岩(马寅生,2001)。中新生代构造岩浆活动中板块内的变形、挤压到伸展的转变过程,记录了大陆动力学从古亚洲构造域的构造体系向太平洋构造域的俯冲构造体系的转变。西太平洋板块体系与欧亚板块东缘的相互作用是华北克拉通中生代过渡转换的根本原因。早中生代,伊泽奈崎-太平洋板块以 6.5～8.0 cm/a 的速度向 NW 或 NNW 向移动,并以较低角度(28°～42°)向欧亚板块东缘倾斜俯冲(Belichenko et al.,1993)。这导致了中晚侏罗世华北克拉通东部岩石圈增厚和强烈的转换,如沿郯庐断裂带强烈的左旋和鄂尔多斯盆地西退[Yang et al.,2005;图 6-11(b)]。这一时期是继华北板块与华南板块碰撞后影响华北克拉通盆地构造演化的又一重要地质事

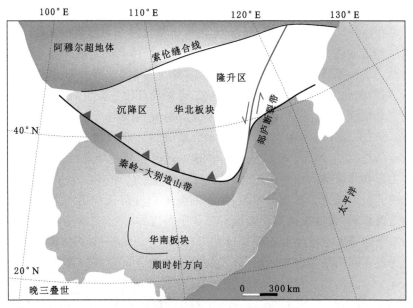

（a）晚三叠世华北克拉通沉积盆地东西分异格局

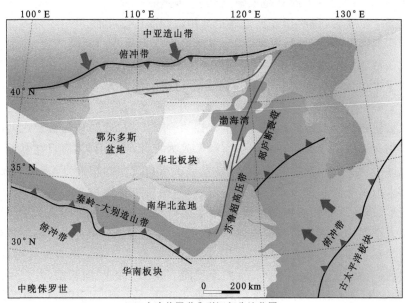

（b）中晚侏罗世典型沉积盆地范围

图 6-11　华北克拉通形成与构造演化及其内部沉积盆地分异过程与迁移演化模式图

（修改自 Meng et al.，2019；Chang et al.，2019）

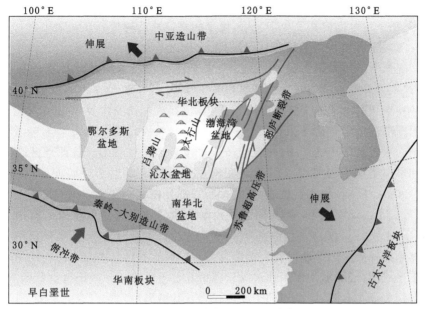

（c）早白垩世沉积盆地及主要造山带格局

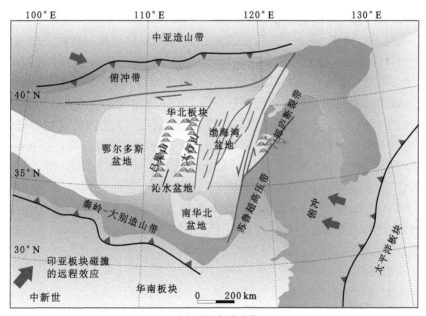

（d）中新世沉积盆地格局

图 6-11 （续）

件。因此,华北克拉通东部 NE-NNE 向和 EW 向构造在挤压隆升背景下形成,并在一定范围内相互叠加交错,使华北克拉通的构造分异复杂化。

(2)挤压-伸展过渡阶段(晚侏罗世—早白垩世)

晚侏罗世至早白垩世,伊泽奈崎-太平洋板块连续向欧亚板块低角度俯冲,并使郯庐断裂带的左旋平移达到高峰(Li,1994;Meng et al.,2007)。板块俯冲和地壳运动增强了深部壳幔相互作用,导致晚侏罗世至早白垩世华北克拉通东部地区岩浆活动强烈(Zhu et al.,2011;吴福元 等,2003)。岩浆活动不仅是壳幔相互作用的产物,而且间接或直接参与构造变形。鲁西地区晚侏罗世和早白垩世在岩浆侵入引起地壳预热的条件下发生了两期伸展(王桂梁等,1992)。同样,华北克拉通南、北冲断带部分在逆冲变形缩短后发生应力松弛,形成了由 EW 向和 NNE 向断裂控制的晚侏罗世和早白垩世的火山岩盆地(Ritts et al.,2001)。盆地逆推-推覆构造经历了后期改造,使盆地由挤压盆山体制向伸展盆山体制过渡。燕山期发育的断陷盆地是在挤压隆升的构造背景下形成的,区域剪切作用在成盆过程中起着重要作用。由于造盆范围有限,拉张构造分布有限,完全不同于新生代岩石圈减薄过程中形成大尺度、分布广泛的断陷盆地[图 6-11(c)]。

(3)伸展阶段(晚白垩世至今)

晚白垩世以来,西太平洋构造域的活动逐渐减弱,以印亚板块碰撞为代表的动力体系域成为华北东部构造演化的主控因素(Hellinger et al.,1985;嘉世旭 等,2001)。燕山运动末期,特别是晚白垩世以后,随着太平洋板块俯冲带的东向后撤,华北板块构造体制由安第斯大陆边缘向西太平洋大陆边缘过渡,进入太平洋板块构造域控制的裂谷期[图 6-11(d)]。从晚白垩世到古近纪早期,太平洋脊俯冲到华北克拉通之下,而其在古近纪晚期完全消亡(Church et al.,1975)。洋脊的俯冲导致弧后区域地幔物质上涌,地壳减薄,使华北克拉通弧后区域的应力状态由挤压变为拉张,形成了大尺度的大陆裂谷区[图 6-11(d)]。华北克拉通出现了以太行山为边界的东隆起和西沉陷,西沉陷继续沉积,东隆起在整体隆起背景上以小尺度断裂发育。沿 NNE 向断裂,中酸性岩浆活动频繁。晚白垩世,西部为隆起带,东部为裂谷盆地,东西向分异作用增强(Jia et al.,2005)。

华北克拉通在全球板块构造格局中的特殊位置,形成了复杂的地球动力学背景。华北克拉通盆地自元古代以来至今经历了长期的构造叠加与改造,产生了不同的分异作用,具体主要表现在构造分异和沉积分异两大方面,盆地分异的动力学机制主要表现为板块作用和壳幔作用两大方面:

① 太平洋板块向西俯冲及其与欧亚板块的相互作用;② 印度板块与欧亚板块碰撞和西伯利亚板块南部挤压所引起的滑线场的远程效应,导致华北板块向东逃逸;③ 扬子板块在华北板块上持续向北挤压,并持续到新生代;④ 由上述地球动力因素引起的华北克拉通深部地壳和地幔的热作用(徐志斌 等,1989;王同和,1999)。由此可以得出,晚古生代沉积盆地分异演化和中新生代盆山系统的形成是板块作用(俯冲和碰撞)和壳幔作用综合控制的结果(张路锁,2010)。

6.5　本章小结

华北晚古生代沉积盆地的构造热演化进程受控于克拉通盆地所经历的沉积、构造及岩浆热事件共同控制。鄂尔多斯盆地东缘构造热演化程度呈明显的南强北弱分布趋势,中段局部受到岩浆热活动的改造影响。这一分布特征的形成原因归根于晚古生代以来的沉积作用与构造活动的综合控制。构造活动导致了盆地北部隆起、南部坳陷的古地貌格局,使得晚古生代煤系在南部的埋深远高于北部,从而受到的埋深热变质作用较强,因此热演化程度较高。以鄂尔多斯东缘紫金山岩浆活动为代表的燕山期岩浆作用发生在盆地东缘中段的临兴地区,使煤系经历了岩浆热作用的影响。沁水盆地全区煤系烃源岩先后经历了深成变质作用和岩浆热变质作用,早白垩世的强烈构造热事件受岩石圈深部构造热活动引发的岩浆作用控制,使得晚古生代煤系热演化进程明显受到了中生代晚期异常高热流及地温场的影响。

华北克拉通中新生代的岩浆活动的热效应,是壳幔相互作用的直接证据,是造成许多重大的构造热事件主要表现方式,这极大地控制了燕山期沉积盆地煤系烃源岩热演化的进程。基于对鄂尔多斯盆地东缘和沁水盆地的构造热演化研究,认为鄂尔多斯盆地东缘北段和南段以深成变质作用为主,而中段以岩浆热变质作用(可见区域岩浆热变质作用和岩浆接触热变质作用)为主。沁水盆地全区先后经历了深成变质作用和岩浆热变质作用,煤系烃源岩经历了两种热作用的叠加改造。

华北克拉通盆地自元古代以来至今经历了长期的构造叠加与改造,产生了不同的分异作用,具体主要表现在沉积分异和构造分异两大方面。依据板块和陆内构造关系,可划分为三大阶段:晚三叠世—晚侏罗世的挤压阶段;晚侏罗世—早白垩世的挤压-伸展过渡阶段;晚白垩世至今的伸展阶段。华北克拉通复杂的地球动力学体系控制:① 太平洋板块向西俯冲及其与欧亚板块的相互作用;② 印度板块与欧亚板块碰撞和西伯利亚板块南部挤压所引起的滑线场的远程效应,导致华北板块向东逃逸;③ 扬子板块在华北板块上持续向北挤压,并持续到新生代;④ 华北克拉通深部壳幔作用的热效应。晚古生代沉积盆地分异演化和中新生代盆山系统的形成是板块作用和壳幔作用的综合效应。

第7章　沉积与构造热演化对
有机质富集和生烃的作用

　　盆地差异演化所控制的沉积与构造分异作用是控制油气效应最直接的两种方式。沉积差异演化决定着煤系有机质的富集与保存条件，进而影响煤层和富有机质泥页岩的生烃潜力；而构造热的差异演化控制着煤层和富有机质泥页岩热成熟的进程，是决定油气生成强度和规模的关键。因此，本章将分述盆地差异沉积演化对煤系有机质的富集作用和差异构造热演化对有机质成熟生烃的作用。

7.1　沉积环境演化对有机质富集的作用

　　盆地煤系沉积期，有机质富集状态与沉积环境密切相关，高丰度的有机质是形成有效烃源岩的关键。因此，本节将分析煤系有机质的富集特征及古环境与古气候对有机质富集的控制机理。

7.1.1　煤系有机质富集特征

　　华北地区晚古生代盆地的石炭-二叠系地层是主要的烃源岩层位，其广泛发育的富有机质泥页岩及煤构成了重要的赋油气煤系地质单元（秦勇 等，2016）。在本次研究中，依据煤系样品有机碳含量测试结果和前人研究成果，分析讨论了鄂尔多斯盆地东缘和沁水盆地太原组和山西组有机质富集特征。结果表明，鄂尔多斯盆地东缘南段山西组煤系泥岩和页岩样品的有机质丰度（均值 15.53%）略低于太原组[均值 16.59%，均未考虑煤样，图 7-1(a)]，而中段山西组样品有机质丰度明显高于太原组[图 7-1(b)]。整体上，鄂尔多斯盆地东缘煤系样品从北至南表现出同一层位有机质丰度逐渐降低的趋势，这种现象很可能是受晚古生代该区域的沉积中心和物源位置控制。结合鄂尔多斯盆地晚古生代的构造活动背景及沉积源汇体系可知，当时的盆地构造活动微弱，物源

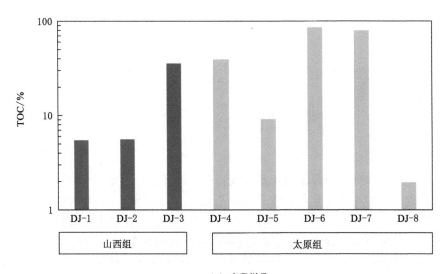

（a）南段样品

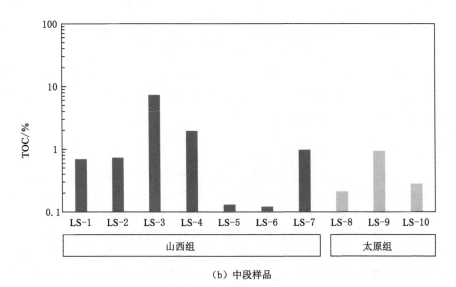

（b）中段样品

图 7-1 鄂尔多斯盆地东缘南段和中段煤系样品总有机碳含量

主要来自盆地北部的造山带,北部的高等植物以及海洋浮游生物在盆地南部形成汇聚中心,导致煤系的有机质丰度形成了"南高北低"的分布格局。

沁水盆地南部煤系样品有机质丰度和北部煤系样品相当(未考虑煤样),分别为 2.47％和 3.24％(图 7-2)。在垂向上,盆地南部太原组和山西组样品所在层位的有机质丰度基本相近,而盆地北部太原组有机质丰度均值低于山西组。总体上,位于华北克拉通中部的沁水盆地晚古生代煤系样品有机质的分异程度较低,盆地南、北部煤系样品总有机碳含量相似,不同层位的总有机碳含量相当。

7.1.2　古环境与古气候对有机质富集的控制

古环境和古气候是控制有机质富集的重要保存条件,古生产力是控制有机质来源的先决条件,二者共同制约了富有机质烃源岩的形成。因此,讨论沉积环境对有机质富集的控制机理,需要综合各种地质条件。本节中,笔者将对华北地区晚古生代盆地的煤系古生产力、古水动力、氧化还原条件及古盐度和古气候等方面综合分析,并对比不同盆地的差异富集机理。

鄂尔多斯盆地东缘煤系样品 P/Al 比和 TOC 含量整体上表现出较弱的负相关性[图 7-3(a)],同时 Ba-bio 含量与 TOC 含量呈负相关性[图 7-3(b)],这表明由海洋生物(藻类等)贡献的 TOC 低于陆相高等植物。结合前文古环境的认识可知,太原组沉积期的水体环境营养元素相对匮乏;而山西组沉积期大量的陆源碎屑携带的营养物质输入,促进了水体中生物生长和繁殖。但沉积体系中水生生物能够形成的有机质含量相较于高等植物差距较大,因而使得 TOC 与 P/Al 和 Ba-bio 呈负相关关系。Zr/Rb 比和 TOC 的关系如图 7-3(c)所示,其指示了古水动力强度对有机质富集保存的影响。整体上,Zr/Rb 比和 TOC 呈指数型增长趋势,即当 TOC<10％,二者表现为缓慢的增长趋势,当 TOC>10％,二者表现为快速的增长趋势。这说明当沉积体系的水动力强度较低时,有利于有机质的富集与保存;而在 TOC 高值区域(聚煤期),强烈的水动力环境能够快速搬运高等植物残骸至沉积中心,形成煤层。因此,水动力强度对有机质的富集与保存在不同的地质背景中具有不同的意义。

氧化还原指标(V/Cr、U/Th 和 Ni/Co)和 TOC 的关系如图 7-4 所示。结果表明,V/Cr 比和 TOC 含量呈明显的正相关关系,表明还原性水体环境更有利于有机质的保存。同样地,U/Th 比和 Ni/Co 比整体上与 TOC 也呈现出正相关关系,均指示弱氧化、弱还原至还原的水体环境相对封闭,缺乏氧气,使得有机质不易被分解,能够很好地保存在沉积地层中,因而体现出煤系样品中高值 TOC。此外,鄂尔多斯盆地东缘可见明显的氧化还原条件区域差异性,

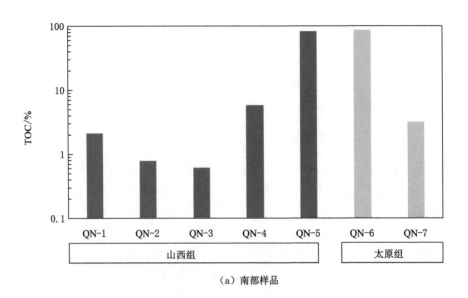

（a）南部样品

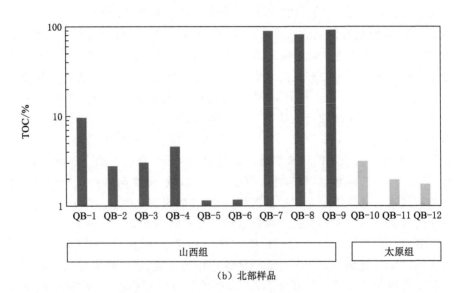

（b）北部样品

图 7-2 沁水盆地南部和北部煤系样品总有机碳含量

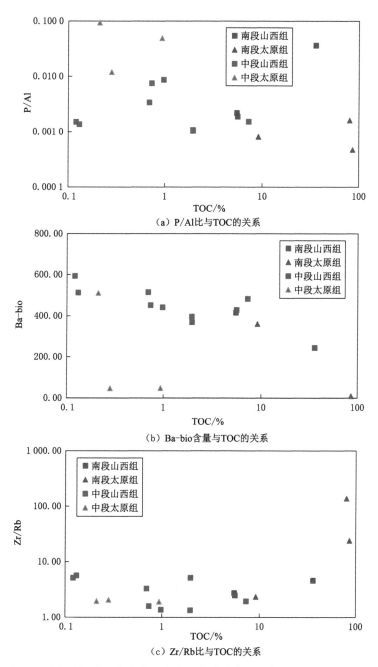

（a）P/Al比与TOC的关系

（b）Ba-bio含量与TOC的关系

（c）Zr/Rb比与TOC的关系

图 7-3 鄂尔多斯盆地东缘古生产力和古水动力强度与有机质含量的关系

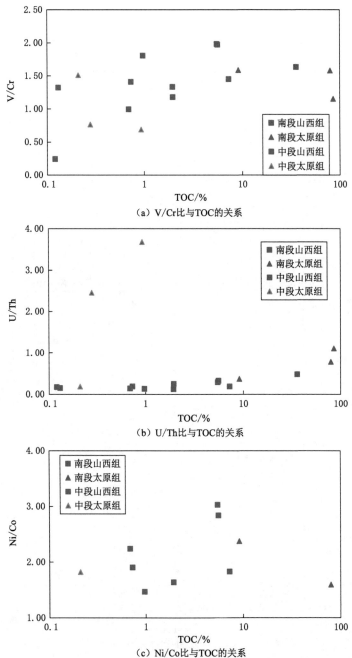

（a）V/Cr比与TOC的关系

（b）U/Th比与TOC的关系

（c）Ni/Co比与TOC的关系

图 7-4　鄂尔多斯盆地东缘氧化还原条件与有机质含量的关系

在图 7-4(a)～(c)中,可见南段样品的 V/Cr、U/Th 和 Ni/Co 比普遍大于中段样品(个别样品除外),说明盆地东缘南段可能为当时的沉积中心,水体环境具有更高的还原性。Sr/Ba 比与 TOC 的关系呈明显的指数型增长关系,指示了较高的古盐度更有利于有机质的保存[图 7-5(a)],而且南段的煤系沉积期的古盐度高于中段。Sr/Cu 比与 TOC 表现为较弱的负相关性[图 7-5(b)],指示干燥炎热的气候条件不利于动植物的生长繁殖,从而抑制了有机质的来源和保存,降低了地层中 TOC 的含量。然而,Sr/Cu 比与 TOC 之间的相关性并不是很高,这也说明气候条件对有机质丰度的影响是间接的,同时前人研究也指出该区域存在着复杂的气候变化,因而使得二者之间的相关性并不是很高。

沁水盆地煤系样品 P/Al 比和 Ba-bio 与 TOC 没有表现出明显的相关性[图 7-6(a)和(b)],这说明该区域来自海洋生物(藻类)对有机质丰度的贡献量和陆相高等植物对有机质丰度的贡献量相当,导致古生产力指标和 TOC 的关系不够明确。结合沁水盆地的构造位置可知,在晚古生代,该盆地位于华北克拉通中部,很可能为当时的沉积中心,且南北两侧分别是秦岭古陆和阴山古陆,都能为盆地提供丰富的陆源碎屑物和陆相有机质。因而,生物成因 Ba 和 P/Al 比与 TOC 没有明显的相关性。Zr/Rb 比与 TOC 整体上表现为正相关性[图 7-6(c),除个别样品],这说明在过渡相沉积体系中,较强的水流能够搬运更多的陆源物质,可以为水生生物提供丰富的营养物质和陆相有机质,进而提高煤系中有机质的含量。同时,沁水盆地北部的太原组和山西组的 Zr/Rb 比明显高于南部,表明北部受到陆源物质输入的影响明显强于南部。

沁水盆地煤系样品的 V/Cr 比与 TOC 含量大体上呈正相关关系,表明沉积体系的还原性越强,越有利于沉积有机质的保存[图 7-7(a)]。同样的相关性也表现在 U/Th 和 Ni/Co 与 TOC 的关系中[图 7-7(b)和(c)]。值得注意的是,在成煤期(即高值 TOC 区域),以上三种氧化还原指标的值部分属于氧化性环境的范畴,而一般认为煤层通常发育在还原性水体环境(泥炭沼泽)中,这一现象说明了在成煤期可能存在短暂的氧化环境,导致这一事件记录在煤系微量元素分配差异中。Sr/Ba 比与 TOC 表现为明显的正相关性[图 7-8(a)],这说明较高的古盐度指示的咸水环境有利于沉积有机质的富集与保存。Sr/Cu 比与 TOC 呈一定的负相关关系[图 7-8(b)],这表明炎热干燥的气候条件不利于浮游生物、高等植物等的生长繁殖,抑制了沉积有机来源,降低了地层中的 TOC 含量。此外,在图 7-8 中可以观察到沁水盆地北部煤系沉积期古气候较南部干燥炎热,且古盐度也明显高于南部,这一现象说明盆地北部此时已经发生明显的海退,导致潟湖相沉积发育,水体在炎热的环境中散失,导致潟湖中的盐度升高。

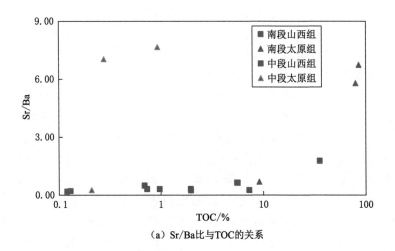

（a）Sr/Ba比与TOC的关系

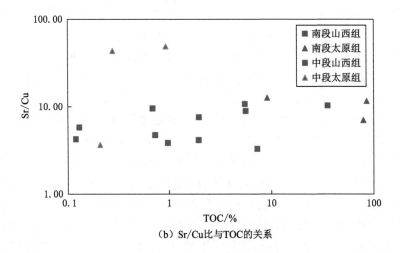

（b）Sr/Cu比与TOC的关系

图 7-5 鄂尔多斯盆地东缘古盐度和古气候与有机质含量的关系

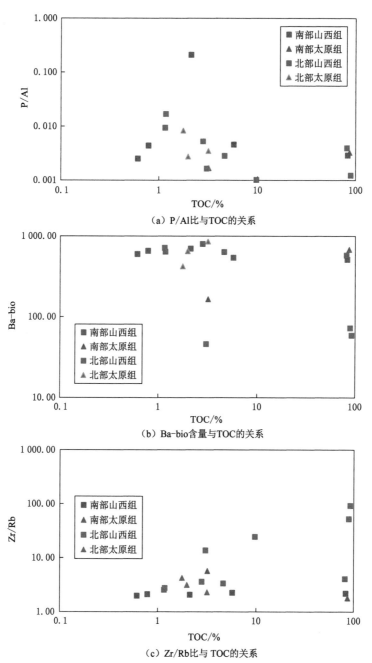

（a）P/Al比与TOC的关系

（b）Ba-bio含量与TOC的关系

（c）Zr/Rb比与TOC的关系

图 7-6　沁水盆地古生产力和古水动力强度与有机质含量的关系

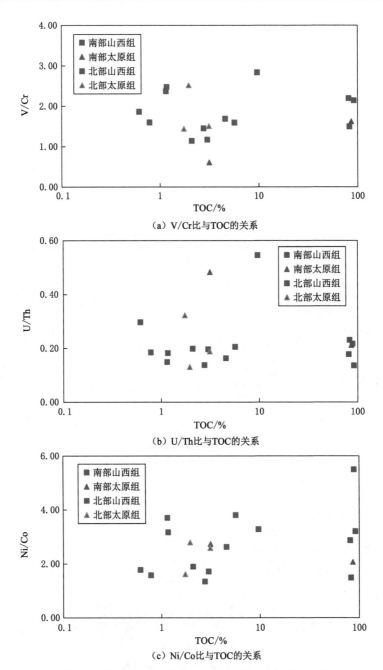

（a）V/Cr比与TOC的关系

（b）U/Th比与TOC的关系

（c）Ni/Co比与TOC的关系

图 7-7　沁水盆地氧化还原条件与有机质含量的关系

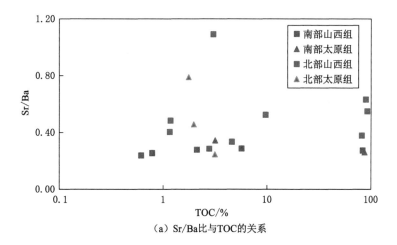

（a）Sr/Ba比与TOC的关系

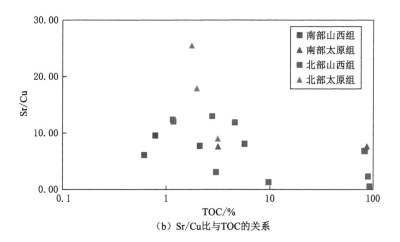

（b）Sr/Cu比与TOC的关系

图 7-8 沁水盆地古盐度和古气候与有机质含量的关系

7.2 构造热演化对有机质成熟生烃的控制

煤系沉积成岩后,盆地所经历的构造热事件对有机质的成熟演化有着重要的影响,地质历史时期的关键构造事件和岩浆热事件是控制有机质成熟演化进程的根本。因此,本节将阐明煤系烃源岩成熟生烃过程,厘定有机质生烃与排烃的时限和强度。

7.2.1 煤系烃源岩成熟生烃过程

沉积盆地的构造热演化过程能够很好地记录在煤系烃源岩的成熟演化中,这对于研究煤系油气的生成、运移与赋存具有重要意义。基于埋藏、构造热演化模拟结果,对鄂尔多斯盆地东缘不同地区的晚古生代煤系烃源岩成熟生烃过程进行分析,该区整体上烃源岩的成熟度表现为"南高北低"的分布趋势[图 7-9(a)]。盆地东缘北段的 ZY1 井晚古生代太原组和山西组地层自沉积以来,区内未出现强烈的构造热事件影响,烃源岩的受热温度随埋深的增加而缓慢平稳升高。进入中侏罗世,煤系烃源岩的受热温度持续上升,有机质开始成熟演化,R_o 值达到 0.7%,进入早期生油阶段。晚侏罗世至早白垩世,随着煤系烃源岩的受热温度升至 115 ℃,R_o 值达到 0.9%,进入晚期生油阶段。进入新生代,由于沉积岩系遭受了大规模的抬升剥蚀,煤系温度降低,有机质的热成熟演化几乎停滞,且原有的热成因油气藏发生运移调整[图 7-9(b)]。

鄂尔多斯盆地东缘中段太原组和山西组烃源岩的成熟度演化曲线表明,R_o 值在早侏罗世发生初次跃变,在早白垩世发生二次跃变,最终煤系烃源岩均达到了生气门限[图 7-9(c)]。晚石炭世至三叠纪末期,煤系埋深稳定平缓增加,导致有机质的受热温度缓慢上升,成熟度在三叠纪末期达到稳定值 $R_o=1.0\%$。而后,早侏罗世的快速埋藏作用导致有机质快速成熟,山西组烃源岩 R_o 值接近 1.5%,太原组烃源岩 R_o 值接近 1.8%,均达到湿气生成阶段。这一阶段,较大的地层温度导致生成的油藏逐渐向气藏转化(图 7-10)。早白垩世,受岩浆热活动的影响,煤系烃源岩的受热温度持续增加,R_o 曲线发生第二次跃变,山西组和太原组烃源岩达到干气生成阶段,R_o 值超过 2.0%,表现出较强的生气潜力。盆地的热流和煤系埋藏深度的变化导致有机质生排烃的时间和程度发生明显变化。太原组和山西组在 237 Ma 开始生烃,在晚侏罗世 147 Ma 结束生烃。烃源岩的生成速率曲线显示两个峰值,分别在 205 Ma 和 162 Ma,其第一个对应于

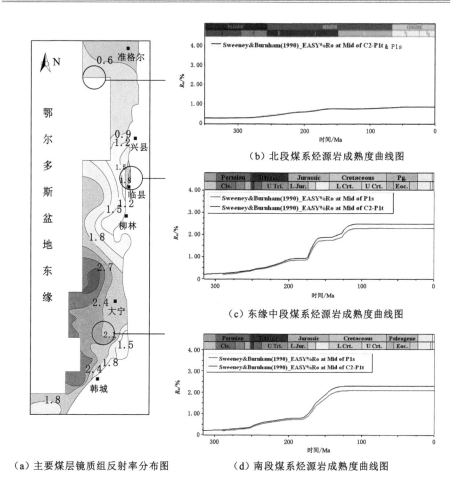

（a）主要煤层镜质组反射率分布图　　（b）北段煤系烃源岩成熟度曲线图

（c）东缘中段煤系烃源岩成熟度曲线图

（d）南段煤系烃源岩成熟度曲线图

图 7-9　鄂尔多斯盆地东缘晚古生代煤系烃源岩热演化进程
（部分修改自张凯,2017;姚海鹏,2017）

晚石炭世至早侏罗世的深成变质作用,第二个是由从晚侏罗世到早白垩世的岩浆热变质作用引起的。第二个峰明显高于第一个峰,说明岩浆活动热量明显强于深埋藏热量。第二生烃期,烃源岩成熟度迅速增加,生烃潜力增大。有机质排烃开始于 230 Ma,第一次排烃峰值出现在 183 Ma,第二次排烃峰值出现在 131 Ma。此外,有机质生烃转化率结果显示,在 150 Ma 左右,太原组和山西组烃源岩的生烃转化率达到峰值。煤系目标层位中的有机质被完全转化为烃类,之后这些烃类保存在烃源岩中,或者迁移到附近的砂岩储层(图 7-11)。

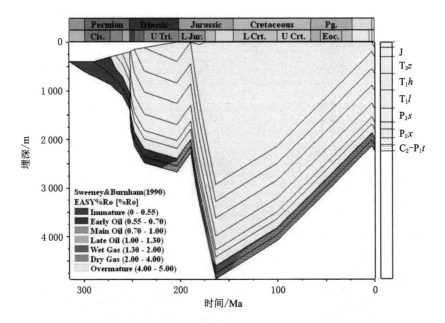

图 7-10 鄂尔多斯盆地东缘中段临兴地区煤系烃源岩成熟度演化剖面图

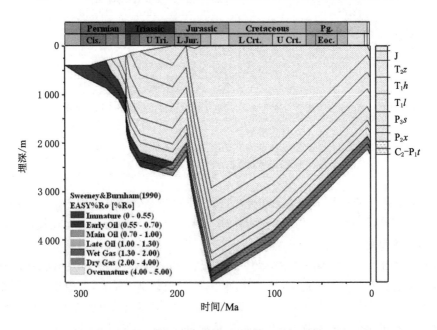

图 7-11 鄂尔多斯盆地东缘南段大吉地区煤系烃源岩成熟度演化剖面图

鄂尔多斯盆地东缘南段煤系烃源岩成熟度剖面曲线表明 R_o 值在晚石炭世至早侏罗世缓慢升高至 0.8%，达到主要生油期；在中晚侏罗世 R_o 值发生第一次跃变，并在早白垩世早期达到峰值，太原组和山西组烃源岩 R_o 峰值分别为 2.5% 和 2.2%，对应于干气生成阶段[图 7-9(d)]。而后受区域抬升剥蚀影响，地层温度降低，烃源岩成熟度基本稳定在这一值(图 7-11)。因此，盆地东缘南部晚古生代煤系烃源岩经历了一次较强的深成变质作用，这一地质作用极大地促进了烃源岩的热演化进程。

沁水盆地晚古生代山西组 3 号煤层 R_o 值等值线分布图表明，成熟度呈盆缘至盆地中心升高、南北两端高、南端最高的分布趋势[图 7-12(a)；任战利等，2005]。依据建立的盆地模型，得到盆地中北部和南部煤系烃源岩 R_o 值随时间变化图[图 7-12(b)和(c)]。盆地中北部榆社地区煤系烃源岩自晚石炭世到中侏罗世 R_o 值呈缓慢上升趋势，太原组和山西组烃源岩 R_o 值分别达到了 1.2% 和 1.0%，在 4 500～5 000 m 深度进入晚生油期，在 5 100 m 深度进入湿气生成阶段(图 7-13)。而后，在晚侏罗世至早白垩世，煤系 R_o 值发生第一次跃变，太原组和山西组烃源岩 R_o 值在 139 Ma 分别达到峰值 2.8% 和 2.5%，对应于干气生成阶段。此后，由于热量散失，有机质热演化进程停滞，保持这一峰值。同样地，盆地南部煤系烃源岩 R_o 值的演化规律与中北部相似，太原组和山西组烃源岩经历了晚侏罗世至早白垩世 R_o 值第一次跃变后，在约 139 Ma 分别达到峰值 2.85% 和 2.6%，对应于干气生成阶段(图 7-14)。在沁水盆地，虽然不同区域的目标烃源岩埋藏深度和构造位置有所差异，但均表现出相似的热成熟度模型。这一结果表明，沁水盆地含煤地层在沉积后经历了相似的构造热演化过程。

7.2.2　有机质生烃与排烃的时限和强度

沉积岩系烃源岩储层中油气形成整个过程的关键是生烃和排烃作用的启动，二者关系到有机质向烃类转化的质量和效率，是油气赋存的重要物理化学反应基础。因此，对于石炭-二叠纪含油气系统而言，讨论生烃和排烃的时限和强度对油气赋存状态的认识具有重要意义。

鄂尔多斯盆地东缘煤系烃源岩的生排烃曲线指示了晚古生代以来先后发生了两次生烃和排烃事件(图 7-15)。盆地东缘中段的生烃曲线表明，煤系烃源岩在晚三叠世经历了第一次生烃事件[图 7-15(a)]，大量的有机质受热转化成烃类，太原组和山西组的转化率分别可达 90% 和 70%[图 7-15(c)]。此后，在早侏罗世生烃进程基本稳定；而在中晚侏罗世，第二次生烃事件发生，但强

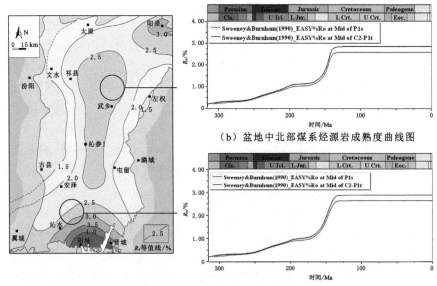

（a）山西组3号煤层镜质组反射率分布图　　（c）盆地南部煤系烃源岩成熟度曲线图

图 7-12　沁水盆地晚古生代煤系烃源岩热演化进程

（部分修改自任战利等，2005）

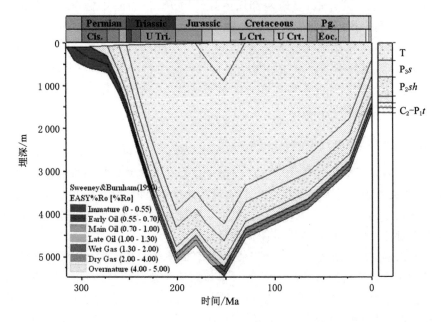

图 7-13　沁水盆地中北部榆社地区煤系烃源岩成熟度演化剖面图

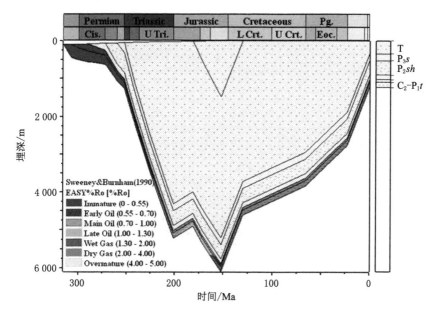

图 7-14　沁水盆地南部马必地区煤系烃源岩成熟度演化剖面图

度低于第一次,此时有机质基本均转化为烃类,转化率达到峰值[图 7-15(c)]。相应地,排烃作用紧随生烃作用的发生而启动,排烃曲线中也识别出两个突变点,分别对应两次排烃事件[图 7-15(b)]。盆地东缘南段的生排烃曲线与中段的生排烃曲线呈现出相似的变化趋势,也表现出先后两次生烃和排烃事件,但它们的强度表现出显著的差异性。盆地东缘南段生排烃曲线表明,中晚三叠世的第一次生烃作用相对缓慢[图 7-15(d)],进入中侏罗世后生烃强度快速增加,而后生烃作用停滞。而三叠纪的第一阶段排烃作用相对微弱,仅表现为太原组有少量的烃类排出,而山西组排烃效应没有启动[图 7-15(e)]。中侏罗世,排烃作用快速启动,并达到了排烃的峰值,而后缓慢衰减至停滞。相应地,经历了三叠纪生烃作用后,太原组和山西组的有机质生烃转化率分别达到 55% 和 25%,在中侏罗世达到了峰值[图 7-15(f)]。

　　烃源岩热成熟度与生烃和排烃时限关系密切,且具有良好的对应性(Radke et al.,1982;Hakimi et al.,2015;Mohamed et al.,2016)。根据成熟度模型,沁水盆地煤系烃源岩自晚古生代以来经历的生排烃进程相对简单。生烃阶段始于中三叠统(242 Ma),此时烃源岩成熟度达到生油早期阶段($0.55\% <$ $R_o<0.7\%$),生油量较小[图 7-16(a)]。在 225 Ma 时,生油早期阶段的转化率为 10%[图 7-16(c)]。晚三叠世,随着含煤地层加热温度的显著升高,烃

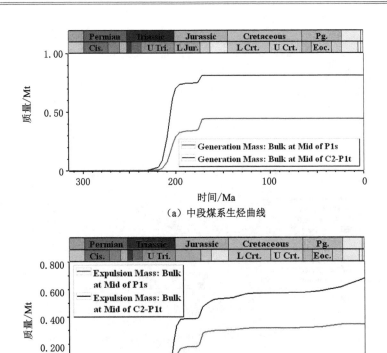

（a）中段煤系生烃曲线

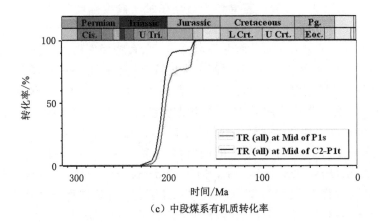

（b）中段煤系排烃曲线

（c）中段煤系有机质转化率

图 7-15　鄂尔多斯盆地东缘生排烃及有机质转化率曲线图

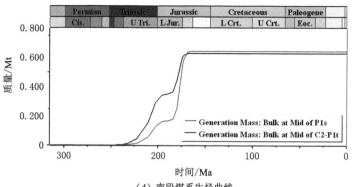

（d）南段煤系生烃曲线

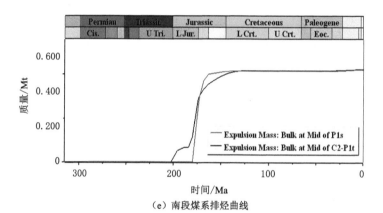

（e）南段煤系排烃曲线

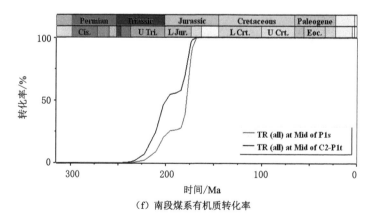

（f）南段煤系有机质转化率

图 7-15　（续）

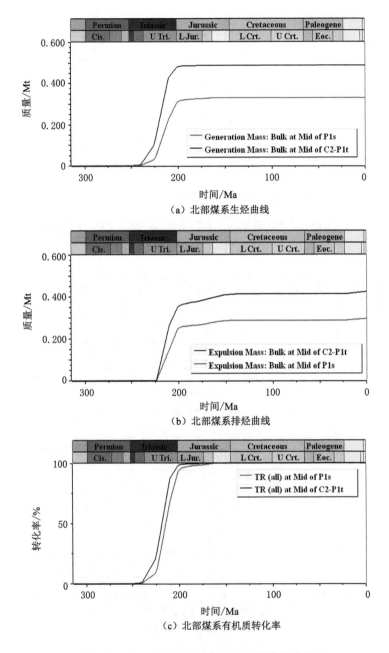

（a）北部煤系生烃曲线

（b）北部煤系排烃曲线

（c）北部煤系有机质转化率

图 7-16　沁水盆地生排烃及有机质转化率曲线图

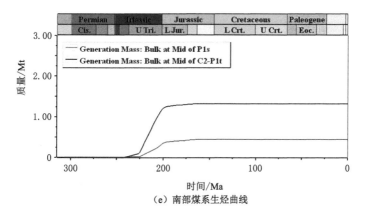

（e）南部煤系生烃曲线

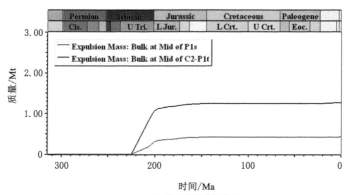

（d）南部煤系排烃曲线

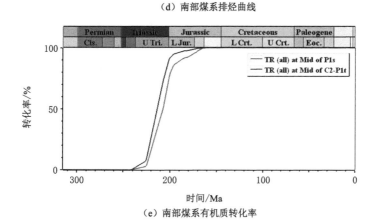

（e）南部煤系有机质转化率

图 7-16　（续）

源岩进入主要生油阶段（0.7%＜R_o＜1.0%），开始大量生成烃类[图 7-16(a)]。与此同时，晚三叠世出现了第一次排烃阶段（225 Ma），排烃强度较高[图 7-16(b)]，转化率达到 80%～90%[图 7-16(c)]。随后，受盆地隆升和剥蚀的影响，含煤地层的覆岩压力明显减小，导致油气解吸和运移（Li et al.，2018）。此后，生烃作用发生于晚侏罗世（153 Ma），烃源岩进入干气生成阶段（R_o＞2.0%），开始大规模生烃，此时排烃作用也达到了峰值[图 7-16(b)]。在含煤烃源岩中生成了大量烃，有机质转化为烃类，转化率可达 100%[图 7-16(c)]。当烃源岩层达到含气饱和时，所生烃类可排入邻近的砂岩中。这可能是下石盒子组致密砂岩气形成的主要原因。在沁水盆地，晚侏罗世至早白垩世（153～125 Ma）为煤系有机质主要生烃阶段。燕山期岩浆活动使含煤地层加热温度明显升高，极大促进了有机质向烃类的转化。这一结果引发了强烈的生烃作用，形成了沁水盆地丰富的煤系气资源。生排烃模型为沁水盆地的生烃和排烃提供了一个可视化的表示，清楚地揭示了从晚古生代至今生烃和排烃的强度与时限。

7.3 本章小结

沉积环境的演化一方面控制着煤系有机质的富集与保存，另一方面影响主微量元素的迁移与富集，因此元素含量及比值与有机质丰度之间有着密切的关系。Zr/Rb 比与 TOC 含量关系表明，沉积体系的水动力强度较低时，有利于海相有机质富集与保存；而在聚煤期，强烈水动力条件能够快速搬运大量高等植物遗体至沉积中心形成煤层。P/Al 比和 Ba-bio 与 TOC 含量关系表明，在煤系沉积期，海洋水生生物贡献的 TOC 低于陆相高等植物，而陆源碎屑的输入丰富了水体营养元素，促进水生生物的生长繁殖。V/Cr、U/Th 及 Ni/Co 比与 TOC 关系表明，弱氧化、弱还原至还原的水体环境相对封闭，缺乏氧气，使得有机质不易被分解，更利于有机质的保存。Sr/Ba 比与 TOC 含量关系表明，较高的古盐度指示的咸水环境有利于沉积有机质的富集与保存。Sr/Cu 比与 TOC 含量关系表明，干燥炎热的气候条件不利于浮游生物、高等植物等的生长繁殖，抑制了沉积有机来源。总体来说，在晚古生代，华北克拉通内部沉积盆地在不同区域表现出差异的古环境和古气候条件，进而形成了沉积环境对有机质富集、保存的不同控制机理，造成这一差异性的原因很大程度上受控于晚古生代盆地古构造。

构造热演化影响着煤系烃源岩的有机质成熟生烃的进程，其最直接的表现形式为生烃和排烃的强度与时限。华北中部多期构造运动对煤系烃源岩的生烃和排烃起到了至关重要的作用。海西期奠定了煤系烃源岩有机质富集与沉积成岩的基础,印支期控制了煤系烃源岩的最大埋藏深度和深成变质程度,使得有机质达到生油晚期阶段;燕山运动峰期的强烈岩浆热作用极大地促进了煤系快速成熟生烃,进一步将有机质推向干气生成阶段。鄂尔多斯盆地东缘各段总体上表现出先后两次生烃和排烃事件,而它们的强度和时限表现出的差异性明显受控于构造热事件。沁水盆地中生代晚侏罗世至早白垩世的构造热事件受岩石圈深部构造热活动引发的岩浆作用控制,这极大地促进了煤系的热演化进程。沁水盆地在早白垩世发生了第二次强烈生烃作用,是形成石炭-二叠系较大规模煤系气藏的关键。

第8章　盆地差异演化有机质富集与生烃模式

依据盆地沉积与构造热差异演化对有机质富集与生烃的影响,可知不同的古环境与古气候条件所控制沉积体系的物理与化学参数在垂向上和横向上存在明显的差异性,因而对煤系有机质的富集与保存起到了不同的作用。不同的构造热演化进程所形成的构造事件与岩浆热事件在强度上和范围上表现不同,对煤系有机质成熟过程有着差异的控制,进一步形成了差异的生烃模式。基于此,在本章中建立了盆地差异沉积演化的煤系有机质富集模式和盆地差异构造热演化的油气生成模式。

8.1　盆地差异沉积演化的煤系有机质富集模式

盆地差异演化的过程中,古环境、古气候和古构造共同影响着有机质的富集与保存条件,进而形成了不同的有机质富集模式。通过归纳总结鄂尔多斯盆地和沁水盆地晚古生代沉积演化模式以及有机质富集规律,本节提出了以鄂尔多斯盆地东缘为代表的"南高北低"的煤系有机质富集模式和以沁水盆地为代表的"南北均衡"的煤系有机质富集模式。

8.1.1　"南高北低"的煤系有机质富集模式

鄂尔多斯盆地位于华北克拉通西部,由古生代的克拉通盆地演化到中生代的大型内陆坳陷盆地(残留克拉通盆地),盆地整体构造形态为中部抬升、向西倾斜的大型单斜构造,其主要煤系为石炭-二叠纪含煤岩系、晚三叠世含煤岩系和中侏罗世含煤岩系。由于鄂尔多斯盆地为我国仅次于塔里木盆地的第二大沉积盆地,其幅员广阔,决定了差异的沉积与构造特征,进而形成了差异的有机质富集模式。因此,本节将以鄂尔多斯盆地东缘石炭-二叠系含煤地层为研究对象,结合前人对古地理研究成果以及本次研究工作中的主微量元素和有机质丰度成果,以南北分异为出发点,开展盆地东缘晚古生代煤系有机质差异富集机理研究。

依据邵龙义等(2020)对鄂尔多斯盆地石炭纪到二叠纪岩相古地理研究成果可知,太原组沉积早期,鄂尔多斯盆地主要沉积中心在西北部的石嘴山-鄂托克旗一带,而次要沉积中心在盆地东缘中段的绥德地区,这一结果认识是由该时期含煤岩系地层厚度所限定。在太原组沉积早期,鄂尔多斯盆地发生了大规模的海侵,海水输入的来源主要有两种方式:其一为古亚洲洋从盆地西部输入,其二为古秦岭洋从盆地东南缘输入。该时期盆地东缘北段以河流相和三角洲相沉积环境为主,向南受海侵作用影响加强,水深变深,在盆地东缘南段发育潟湖-潮坪相和碳酸盐岩台地沉积环境。此时的物源主要来自盆地北缘的阴山古陆,以及盆地中央古隆起的风化剥蚀陆源碎屑。太原组沉积晚期,由于受古亚洲洋和古秦岭洋海侵作用的加强,中央隆起带对海水的阻碍作用消失,东西两侧海水输入贯通,盆地东缘由北向南发育河流相、三角洲相、潟湖-潮坪相以及碳酸盐岩台地相沉积,此时物源主要来自盆地北侧的阴山古陆,次要来源为南部的秦岭古陆,盆地的南北沉积分异逐渐明显(图 8-1)。

山西组沉积期,鄂尔多斯盆地东缘的沉积中心在大宁-吉县一带,砂泥比结果指示高值区靠近阴山古陆和秦岭古陆,总体上继承了太原组晚期的沉积格局。该时期,盆地东缘鲜有灰岩沉积,总体上以陆源含煤碎屑沉积为主,由北至南分别发育河流冲积平原相、三角洲平原相和潟湖相沉积体系。总体上,在山西组沉积期,盆地东缘以河流相、三角洲相沉积为主,盆地区域内部发生明显的海退,仅在南部存在海水活动(图 8-2)。

因此,晚古生代太原组和山西组构造与沉积环境上的差异性决定了其物源和有机质富集的方式,进而影响了煤系烃源岩发育规模和油气生成潜力。鄂尔多斯盆地东缘不同区域古水动力表现为南北强、中部弱的分布特征,这一结果受控于盆地北侧阴山古陆和南侧秦岭古陆的控制。盆地南北两侧古陆能够为靠近剥蚀区提供丰富的碎屑物质,导致煤系中存在较高的 Zr/Rb 比,而位于盆地东缘中段地区,由于其远离古陆剥蚀碎屑物的影响,因此形成了低值 Zr/Rb 比分布特征。鄂尔多斯盆地东缘中段的古生产力指标(P/Al 和 Ba-bio)远高于南段,指示了陆相营养物质的输入对古生产力的贡献远大于海洋环境。这一结果主要受控于华北地区陆表海沉积背景控制。由于陆表海通常为浅海沉积体系,其水深远不及华南扬子地区深海相沉积体系,因而能够形成海相有机质的能力十分有限,其水体营养物质的主要来源还是靠滨海或者

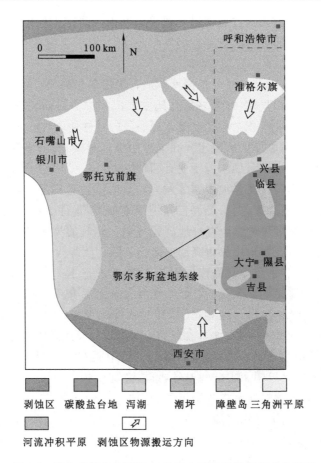

图 8-1　鄂尔多斯盆地石炭-二叠纪太原组晚期岩相古地理图

（修改自邵龙义等，2020）

陆相动植物遗体的输入，因而形成了中部高、南部低的古生产力分布格局。鄂尔多斯盆地东缘南段还原性指标（V/Cr、U/Th 和 Ni/Co）普遍高于中段，指示盆地东缘南段可能为当时的沉积中心，水体环境具有更高的还原性，此外南段的煤系沉积期的古盐度（Sr/Ba）高于中段，古气候（Sr/Cu）相对温暖湿润。这一结果在岩相古地理中得到了很好的印证，"北隆南坳"的古地理格局奠定了主要物源来自北部阴山古陆，因而南部处于海相沉积体系，碳酸盐岩沉积发育，水体还原性更高，盐度更高，气候越温暖湿润。这一古环境、古气候条件也形成了鄂尔多斯盆地东缘煤系有机质"南高北低"的富集模式。

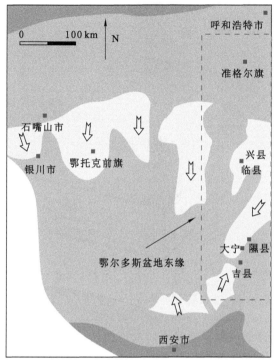

图 8-2　鄂尔多斯盆地石炭-二叠纪山西组岩相古地理图

(修改自邵龙义等,2020)

8.1.2 "南北均衡"的煤系有机质富集模式

沁水盆地位于华北克拉通盆地中部,是重要的晚古生代聚煤盆地。晚古生代,华北陆表海发生了频繁的海进海退事件,导致沁水盆地发育了一套以海陆过渡相为主的沉积体系,形成中上段以碎屑岩(含煤)为主、下段以碳酸盐岩为主的含煤建造(图 8-3)。前人研究表明,晚古生代,沁水盆地周缘存在古隆起的影响,沉积相分布存在着一定的差异性,形成了差异的古气候、古环境演化模式。因此,本节以沁水盆地晚古生代煤系为研究对象,结合前人的岩相古地理研究成果和本次工作的有机质丰度和主微量元素研究成果,开展盆地南北部太原组和山西组有机质富集模式研究。

晚石炭世早期,华北板块开始沉降,进入陆表海沉积体系,受盆地北部阴山古陆和南部秦岭古陆的影响,古秦岭洋和古亚洲洋海水分别从东、西两个方向输入。随着海侵作用的加强,东、西两侧海水贯通,形成了太原组早期统一的克拉通陆表海沉积体系。进入太原组晚期,随着北部阴山古陆的隆起,古陆

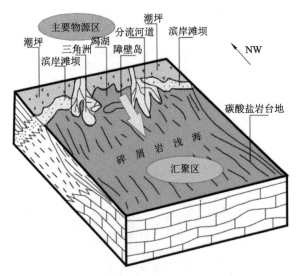

图 8-3　沁水盆地晚古生代煤系沉积模式图

(修改自徐振勇等,2007)

风化剥蚀的陆源碎屑物质又随流水向南部搬运,进而使得晚古生代沁水盆地沉积相呈现南北分异的分布格局[图 8-4(a)]。沁水盆地在太原组广泛发育碳酸盐台地沉积体系,可见碳酸盐台地、潮坪-潟湖、三角洲的分布格局。总体上,盆地南部太原组为碳酸盐台地、潮坪-潟湖沉积体系,处于低能水体环境中,泥页岩中广泛发育水平层理构造,是一种静水沉积体系,且海水中光照适宜,氧气充足,有利于生物的生长繁殖。盆地北部太原组沉积期靠近阴山古陆隆起区,以浅水三角洲沉积体系为主,水动力强度较大,处于高能环境中,水体环境主要为淡水或半咸水状态,有利于植物生长繁盛,碎屑物源主要来自古陆的剥蚀区。进入山西组沉积期,沁水盆地的南北分异现象更为明显。盆地北部靠近主要物源区,山西组沉积期受陆相碎屑物质的输入影响更加明显,导致形成了河流相和三角洲相为主的沉积体系,气候干旱炎热,局部存在封闭潟湖沉积体系。盆地南部山西组沉积期仍处于开阔潮坪和三角洲沉积体系,水位相对较高,受陆相物质输入影响较弱,气候相对温暖湿润,适宜生物生长繁殖[图 8-4(b)]。

　　综上可知,古环境、古气候和古构造等地质因素共同制约了沁水盆地晚古生代的沉积体系转变与有机质富集模式。沁水盆地北部的水动力强度高于南部,高值的 Zr/Rb 比指示北部受到陆源物质输入的影响明显强于南部,这与该盆地"北隆南坳"的古构造格局密切相关。沁水盆地南北部的 P/Al 比和

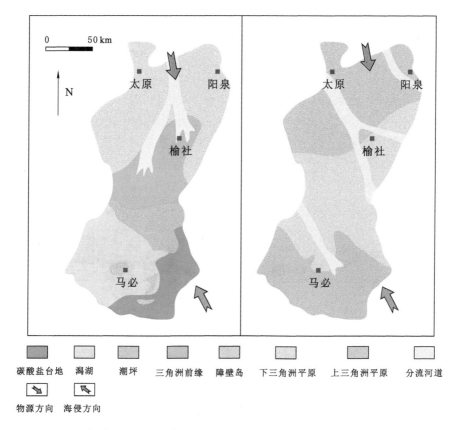

（a）太原组岩相古地理图　　　　（b）山西组岩相古地理图

图 8-4　沁水盆地晚古生代煤系岩相古地理图

（修改自 Xu et al.，2013）

Ba-bio 值不具有明显的南北分异性,指示古生产力相当,海洋生物(藻类)对有机质丰度的贡献量和陆相高等植物相近,煤系烃源岩具有较高的有机质含量。沁水盆地南北部氧化还原指标(V/Cr、U/Th 和 Ni/Co)分异性不大,成煤期整体上处于还原环境。沁水盆地北部煤系沉积期古气候(Sr/Cu)较南部干燥炎热,且古盐度(Sr/Ba)也明显高于南部,这与古构造基底格局相关,导致北部可能出现封闭潟湖沉积而发育高盐度地层。结合沁水盆地晚古生代构造基底和煤系有机质含量分布特征,尽管盆地存在"南坳北隆"的构造格局,但煤系有机质富集特征并没有受其主控,呈现出"南北均衡"的煤系有机质富集模式。这表明古环境、古气候和古构造共同决定了成煤期的有机质来源、迁移、富集和保存等过程。

8.2 盆地差异构造热演化的煤系有机质生烃模式

地球内部储存着巨大的热量,这些热量通常以热传导、热辐射和热对流三种方式从地核向地表传输,因而形成了与热流密切相关的火山喷发、岩浆侵入等构造活动(王朱亭,2020;邱楠生 等,2019)。华北晚古生代沉积盆地的构造热演化进程受控于克拉通盆地所经历的沉积、构造及岩浆热事件共同控制。基于对鄂尔多斯盆地东缘和沁水盆地的构造热演化研究,本次研究识别出了深成变质作用和岩浆热变质作用两种主要的热作用方式(图 8-5),提出了单一热源主控热变质模式和多热源叠加热变质模式。

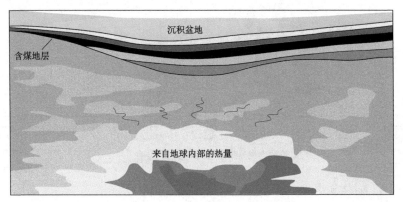

(a)深成变质作用

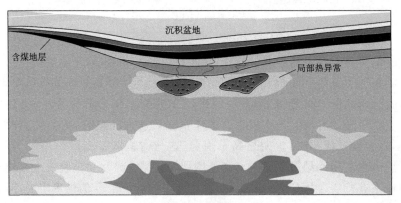

(b)岩浆热变质作用

图 8-5 沉积盆地烃源岩热变质模式图

8.2.1　单一热源主控热变质模式

基于鄂尔多斯盆地构造热演化分析,本次研究提出了单一热源主控热变质模型,即由深成变质作用和岩浆热变质作用为单一主控热源的热变质模型(图 8-6)。在鄂尔多斯盆地东缘北段和南段,岩浆活动微弱,煤系烃源岩的成熟所需要的温度主要来自地球内部的热辐射。随着埋深的增加,含煤地层所受的温度逐渐升高,导致烃源岩的成熟度升高。前人研究指出,地球内部通过 U、Th 等元素的放射性衰变而释放热量,经地球内部圈层传输至岩石圈,对沉积盖层进行加热,导致烃源岩成熟。这一热作用模式在鄂尔多斯盆地东缘南段和北段的煤系中极为明显。然而,同一层位的煤系烃源岩在南段相对北段具有更高的成熟度,这主要是受控于其埋深的影响。受晚古生代构造基底影响,鄂尔多斯盆地东缘南段太原组和山西组煤系的埋深在 1 500 m,而北段埋深不超过 500 m。依据地温梯度的热量积累效应,南段受热的程度会更高,烃源岩会获得更高的热成熟度,这也就形成了由深成变质作用主导的单一热源主控的热变质模型。这一热变质模型在鄂尔多斯盆地的中生代内陆湖泊相含煤地层中更为明显,代表着无岩浆活动或者弱岩浆活动区域以深成变质作用为主的单一热变质模型。结合全球现今主要沉积盆地热演化进程可知,前陆盆地或者稳定克拉通盆地(如喜马拉雅前陆盆地、波斯湾前陆盆地以及北美克拉通盆地)中广泛发育以深成变质作用为主的单一热变质模型。

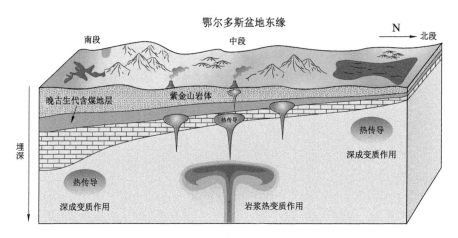

图 8-6　单一热源主控热变质作用模式图

鄂尔多斯盆地东缘中段的紫金山岩浆活动是整个盆地东缘最具有代表性的一次强烈的中生代岩浆事件。这一构造热事件导致了中段临兴地区的煤系烃源岩成熟度的快速跃变,靠近岩浆侵入体的区域,烃源岩直接达到了干气生成阶段,部分煤层达到了超无烟煤,甚至石墨化。结合盆地模拟结果可知,该区域含煤地层自二叠纪以来,由于埋深增加导致的有机质成熟度升高相对于岩浆活动引发的成熟度跃变较弱。因此,可以忽略由深成变质作用这部分热量引起的有机质的成熟。这就表明了盆地东缘中段主要的热量来源于岩浆热变质作用,也即形成了以岩浆热活动为主的单一热源主控热变质模式。这一热变质模式主要发育在浅埋深的烃源岩地层中,如在南华北盆地淮北临涣矿区、二连盆地腾格尔坳陷等受局部岩浆热事件控制的区域。

8.2.2　多热源叠加热变质模式

基于沁水盆地构造热演化分析结果,本次研究提出了以多热源叠加热变质模型,即由深成变质作用和岩浆热变质作用共同作用决定的盆地热演化进程模式(图 8-7)。沁水盆地南部和北部含煤地层自沉积以来,持续接受沉降,在早中侏罗世地层最大埋深可超过 5 000 m。依据中生代克拉通盆地平均地温梯度可知,含煤地层的受热温度已超过 150 ℃,这说明其经历了一次强烈的深成变质作用。此后,在中生代晚期早白垩世,华北克拉通中部岩浆作用活跃,克拉通破坏所伴生的热物质和能量的交换使得盆地含煤地层经历了一次强烈的岩浆热变质作用,进而形成了盆地现今的构造热演化状态。因此,沁水盆地的热演化模式代表着典型的多热源叠加热变质模型。这一模型在华北地区新生代裂谷盆地(渤海湾盆地)广泛出现,其决定了渤海湾盆地新生代油气生成的进程。渤海湾盆地自晚白垩世以来,在基底地层基础上开始接受沉积,发育一套古近系烃源岩地层组合。新生代,受太平洋板块与华北板块的构造作用转换影响,渤海湾盆地在伸展走滑构造背景下持续发育。此时,华北板块东部的壳幔相互作用活跃,大量的幔源物质沿断裂上涌至新生代沉积地层,岩浆作用所携带的大量热量使得烃源岩地层受热成熟生烃,形成了一套良好的油气资源储层。

华南地区,以四川盆地为代表的沉积盆地也同样发育着多热源叠加热变质模型。四川盆地在古生代及以前为一典型的克拉通盆地,具有较低的热流值。四川盆地最为著名的奥陶系-志留系海相富有机质页岩(五峰-龙马溪组)在古生代埋深持续增加,普遍经历深成变质作用控制。在二叠纪末期(260 Ma),由于峨眉山超级地幔柱的爆发,在四川盆地西南部形成了大面积的玄武

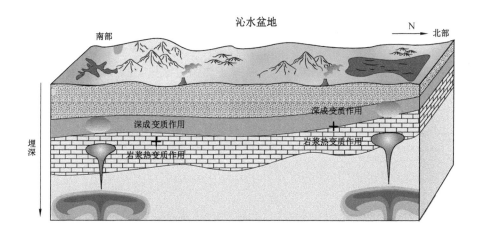

图 8-7　多热源叠加热变质作用模式图

岩喷出,导致川西南地区的早古生代海相烃源岩遭受了强烈的岩浆热事件。这一热事件极大地加速了海相页岩的热演化进程,使得川西南地区及其邻区有机质成熟度 R_o 超过 4.0 %。在中生代,四川盆地再次进入内陆湖泊沉积体系,发育巨厚层的三叠系沉积地层,早古生代海相页岩埋深持续增加,其所受地温持续升高。这一过程说明了四川盆地先后经历了深成变质作用、岩浆热变质作用和深成变质作用,为一复杂的多热源叠加热变质作用过程。

8.3　本章小结

晚古生代,华北地区不同的沉积盆地在盆地尺度上的古环境、古气候存在显著的差异性,形成了不同的有机质富集模式。华北克拉通的沉积分异主要表现为盆地的南北向沉积分异,"南坳北隆"的构造基底格局奠定了盆地北部为主要物源区而南部为沉积中心,基本上形成了由北至南的一套完整的源汇沉积体系。由此,在盆地内部形成了南北分异的古环境、古气候分布格局,总体上形成了南部以低能,弱氧化、弱还原至还原,高盐度咸水的水体环境和温暖湿润的气候条件;北部以高能,弱氧化至氧化,较低盐度半咸水-淡水的水体环境和干燥炎热的气候条件的分布特征。这种古构造、古环境和古气候的差异形成了以鄂尔多斯盆地东缘为代表的"南高北低"的煤系有机质富集模式和以沁水盆地为代表的"南北均衡"的煤系有机质富集模式。

　　华北中部盆地构造热演化进程受克拉通盆地所经历的沉积、构造及岩浆热事件共同控制。华北地区沉积盆地构造热演化时空分布的差异性,导致煤系有机质经历了不同的热变质作用过程,进而形成了两种主要的热变质作用模型,即以鄂尔多斯盆地东缘为代表的单一热源主控热变质作用模型(深成变质作用或岩浆热变质作用主控的热效应)和以沁水盆地为代表的多热源叠加热变质作用模型(深成变质作用和岩浆热变质作用叠加的热效应)。

第 9 章　结论与展望

9.1　结论

　　华北晚古生代盆地中部沉积和构造热差异演化控制了古环境、古气候以及构造热事件的演化进程,决定了煤系油气资源生成与赋存。本次研究针对华北晚古生代盆地中部中新生代以来分异形成的鄂尔多斯盆地东缘和沁水盆地,采用了野外地质调查与观测、岩石薄片鉴定、显微组分分析、镜质组反射率及有机碳含量测定、岩石热解和主微量元素分析等方法以及盆地模拟技术,厘定了石炭-二叠纪太原组和山西组煤系沉积相与层序地层格架,分析了煤系矿物岩石学及地球化学特征,探讨了古环境与古气候演化过程,阐明了构造热演化进程及动力学机制,揭示了沉积与构造热差异演化对有机质富集生烃的控制机理,建立了盆地差异演化的煤系有机质富集模式和生烃模式。获得了如下结论和认识:

　　① 厘定了华北晚古生代沉积盆地中部煤系沉积期的三大沉积体系——碳酸盐潮坪、障壁岛-潟湖、三角洲沉积体系,提出了浅海相和过渡相煤系烃源岩沉积模式。不同地区在沉积体系在空间分布上存在显著差异,整体的沉积环境为海相沉积环境向过渡相沉积环境转换。华北晚古生代地层总体上可划分为两大主要沉积阶段,分别为太原组的陆表海充填阶段和山西组的过渡相三角洲充填阶段,前者代表浅海相煤系烃源岩沉积模式,而后者指示过渡相煤系烃源岩沉积模式。

　　② 剖析了不同源汇沉积体系控制的煤系岩石学和地球化学特征时空分布的差异性。鄂尔多斯盆地东缘和沁水盆地由北向南泥页岩矿物种类呈增加趋势,黏土矿物含量由北向南逐渐减少,且同一地区由太原组至山西组黏土矿物含量呈增加趋势。这表明华北中北部为煤系沉积主要物源区,且海相至陆

相环境迁移是导致黏土矿物垂向上增加的原因。太原组样品中出现的藻类体指示了该组沉积期存在海相有机质的输入,而山西组是以陆相有机质为主的沉积体系。华北中部煤系烃源岩整体上有机质丰度相对较高,大部分属于富有机质泥页岩的范畴。鄂尔多斯盆地东缘由北向南,煤系烃源岩成熟度逐渐升高,跨越早期生油阶段至干气生成阶段;而沁水盆地南北部煤系烃源岩均表现出较高的成熟度,均处于湿气或干气生成阶段。

③ 探讨了晚古生代盆地中部煤系沉积期古环境与古气候演化过程。Zr和 Rb 元素含量及其比值表明,鄂尔多斯盆地东缘煤系沉积期水动力强度表现为南北强、中部弱的分布特征;垂向上,南部和北部太原组与山西组水动力强度相当,而中部太原组水动力强度低于山西组。沁水盆地北部的水动力强度高于南部,北部受到陆源物质输入的影响明显强于南部。P/Al 比和 Ba-bio含量指示,鄂尔多斯盆地东缘中段的古生产力指标远高于南段,说明了陆相营养物质的输入对古生产力的贡献远大于海洋环境。沁水盆地南北部的古生产力相当,不具有明显差异性,海洋生物对有机质丰度的贡献量和陆相高等植物相当。V/Cr、U/Th 和 Co/Ni 比表明,鄂尔多斯盆地东缘南段还原性指标普遍高于中段,指示盆地东缘南段可能为当时的沉积中心,水体环境处于缺氧的还原环境;而沁水盆地南北部氧化还原指标分异性不大。Sr/Ba 和 Sr/Cu 比结果表明,鄂尔多斯盆地东缘南段的煤系沉积期的古盐度高于中段,古气候相对温暖湿润;而沁水盆地北部煤系沉积期古气候较南部干燥炎热,且古盐度也明显高于南部。

④ 阐明了盆地晚古生代以来的构造热演化进程及动力学机制。华北晚古生代沉积盆地的构造热演化进程受控于克拉通盆地所经历的沉积、构造及岩浆热事件共同控制。鄂尔多斯盆地东缘构造热演化程度呈南强北弱分布趋势,中段局部受到岩浆热活动的改造影响。这一分布特征的形成原因归根于晚古生代以来的沉积作用与构造活动的综合控制。构造活动导致了盆地北部隆起、南部坳陷的古地貌格局,使得晚古生代煤系在南部的埋深远高于北部,从而受到的深成变质作用较强,因此热演化程度较高。以紫金山岩浆活动为代表的燕山期岩浆作用发生在盆地东缘中段的临兴地区,使得煤系经历了较强的岩浆热作用影响。沁水盆地全区煤系烃源岩先后经历了深成变质作用和岩浆热变质作用,早白垩世的强烈构造热事件受岩石圈深部构造热活动引发的岩浆作用控制,使得晚古生代煤系热演化进程明显受到了中生代晚期异常高热流及地温场的影响。华北克拉通中新生代的岩浆活动的热效应,是壳幔相互作用的直接证据,是造成许多重大的构造热事件主要表现方式,并控制了

燕山期沉积盆地煤系烃源岩热演化的进程。华北克拉通盆地自元古代以来至今经历了长期的构造叠加与改造,表现出明显的沉积分异和构造分异,这一结果是板块作用和壳幔作用的综合结果。

⑤ 揭示了沉积与构造热差异演化对煤系有机质富集生烃的控制机理。Zr/Rb 比与 TOC 含量关系表明,沉积体系的水动力强度较低时,有利于海相有机质富集与保存;而聚煤期,强烈水动力条件能够快速搬运大量高等植物遗体至沉积中心形成煤层。P/Al 比和 Ba-bio 与 TOC 含量关系表明,煤系沉积期,海洋水生生物贡献的 TOC 低于陆相高等植物,而陆源碎屑的输入丰富了水体营养元素,促进水生生物的生长繁殖。V/Cr、U/Th 及 Ni/Co 比与 TOC 关系表明,弱氧化、弱还原至还原的水体环境相对封闭,缺乏氧气,使得有机质不易被分解,更利于有机质的保存。Sr/Ba 比与 TOC 含量关系表明,较高的古盐度指示的咸水环境有利于沉积有机质的富集与保存。Sr/Cu 比与 TOC 含量关系表明,干燥炎热的气候条件不利于浮游生物、高等植物等的生长繁殖,抑制了沉积有机质的来源。构造热演化影响着煤系烃源岩的有机质成熟生烃的进程,其最直接的表现形式为生烃和排烃的强度与时限。华北中部多期构造运动对煤系烃源岩的生烃和排烃起到了至关重要的作用。海西期奠定了煤系烃源岩有机质富集与沉积成岩的基础,印支期控制了烃源岩的最大埋藏深度和深成热变质强度,使得有机质达到生油晚期阶段;燕山运动峰期的强烈岩浆热作用极大地促进了煤系快速成熟生烃,进一步将有机质推向干气生成阶段。鄂尔多斯盆地东缘各段总体上表现出先后两次生烃和排烃事件,而它们的强度和时限表现出的差异性明显受控于构造热事件。沁水盆地在早白垩世发生了第二次强烈生烃作用,是形成石炭-二叠系较大规模煤系气藏的关键。

⑥ 建立了盆地差异演化的煤系有机质富集模式和生烃模式。华北克拉通的沉积分异主要表现为盆地的南北向沉积分异,"南坳北隆"的构造基底格局奠定了盆地北部为主要物源区,而南部为沉积中心,基本上形成了由北至南的一套完整的源汇沉积体系。由此,在盆地内部形成了南北分异的古环境、古气候分布格局。总体上形成了南部以低能,弱氧化、弱还原至还原,高盐度咸水的水体环境和温暖湿润的气候条件;北部以高能,弱氧化至氧化,较低盐度半咸水-淡水的水体环境和干燥炎热的气候条件的分布特征。这种古构造、古环境和古气候的差异形成了以鄂尔多斯盆地东缘为代表的"南高北低"的煤系有机质富集模式和以沁水盆地为代表的"南北均衡"的煤系有机质富集模式。华北中部盆地构造热演化进程受控于克拉通盆地所经历的沉积、构造及岩浆

热事件,形成了单一热源主控热变质作用模式和多热源叠加热变质作用模式。鄂尔多斯盆地东缘北段和南段以深成变质作用为主,而中段以岩浆热变质作用(可见区域岩浆热变质作用和岩浆接触热变质作用)为主,是典型的单一热源主控热变质作用模式。沁水盆地全区先后经历了深成变质作用和岩浆热变质作用,煤系烃源岩经历了两种热作用的叠加改造,代表着多热源叠加热变质作用模式。

9.2 问题与展望

本次工作对华北中部的鄂尔多斯盆地东缘和沁水盆地晚古生代煤系开展了盆地沉积与构造热演化的研究,提出了盆地构造热差异演化过程中两种有机质富集模式与两种生烃模式,取得的系列认识能够为煤系油气资源开发提供一定的启示。然而,由于数据资料和认知水平限制,仍有以下问题需要深入研究:

① 对于鄂尔多斯盆地东缘的分析,由于缺乏北段煤系样品的系列测试结果,仅依靠前人研究成果和盆地东缘中段与南段测试结果进行分析讨论,得到的认识可能受限。因此,在后续的工作中,可以对北段开展更多的煤系样品补充测试,以得到更为全面的认识。

② 对于沉积环境的判别,仅使用了主微量元素比值等进行划分,这一结果很可能受到数据量的限制。而解决此问题的有效方法是通过丰富的测井沉积相判别和砂体分布进行时空上的古环境约束研究,这也为后期的同类工作指明了改善方法。

③ 对盆地一维数值模拟工作中的古水深这一约束参数的获取存在一定的误差。由于难以开展系列的盆地古水深测定工作,因此本次研究所使用的水深估算数据大部分来自对沉积微相判别而获取的大致的水深值,因而会对盆地的一维数值模拟模型造成不可避免的误差。

参考文献

[1] 曹代勇,聂敬,王安民,等,2018.鄂尔多斯盆地东缘临兴地区煤系气富集的构造-热作用控制[J].煤炭学报,43(6):1526-1532.

[2] 曹代勇,王崇敬,李靖,等,2014.煤系页岩气的基本特点与聚集规律[J].煤田地质与勘探,42(4):25-30.

[3] 陈刚,丁超,徐黎明,等,2012.鄂尔多斯盆地东缘紫金山侵入岩热演化史与隆升过程分析[J].地球物理学报,55(11):3731-3741.

[4] 陈善成,2016.淮南煤田下二叠统含煤岩系有机碳和元素地球化学研究[D].合肥:中国科学技术大学.

[5] 陈世悦,刘焕杰,1995.华北晚古生代层序地层模式及其演化[J].煤田地质与勘探,23(5):1-6.

[6] 程克明,熊英,马立元,等,2005.华北地台早二叠世太原组和山西组煤沉积模式与生烃关系研究[J].石油勘探与开发,32(4):142-146.

[7] 戴金星,2009.中国煤成气研究30年来勘探的重大进展[J].石油勘探与开发,36(3):264-279.

[8] 丁超,2010.鄂尔多斯盆地东北部热演化史与天然气成藏期次研究[D].西安:西北大学.

[9] 丁超,陈刚,郭兰,等,2016.鄂尔多斯盆地东北部差异隆升过程裂变径迹分析[J].中国地质,43(4):1238-1247.

[10] 董大忠,程克明,王世谦,等,2009.页岩气资源评价方法及其在四川盆地的应用[J].天然气工业,29(5):33-39.

[11] 范文田,胡国华,王涛,2019.鄂尔多斯盆地东南缘热演化史模拟[J].中国科技论文,14(5):492-496.

[12] 范翔,刘桂建,孙若愚,等,2015.淮南二叠纪含煤地层泥质岩地球化学特征及其地质意义[J].地学前缘,22(4):299-311.

[13] 付金华,郭正权,邓秀芹,2005.鄂尔多斯盆地西南地区上三叠统延长组沉积相及石油地质意义[J].古地理学报,7(1):34-44.

[14] 付金华,李士祥,徐黎明,等,2018.鄂尔多斯盆地三叠系延长组长 7 段古沉积环境恢复及意义[J].石油勘探与开发,45(6):936-946.

[15] 付娟娟,郭少斌,高全芳,等,2016.沁水盆地煤系地层页岩气储层特征及评价[J].地学前缘,23(2):167-175.

[16] 傅宁,杨树春,贺清,等,2016.鄂尔多斯盆地东缘临兴-神府区块致密砂岩气高效成藏条件[J].石油学报,37(S1):111-120.

[17] 傅雪海,秦勇,韦重韬,2007.煤层气地质学[M].徐州:中国矿业大学出版社.

[18] 高德燮,平文文,胡宝林,等,2017.淮南煤田山西组泥页岩微量元素地球化学特征及其意义[J].煤田地质与勘探,45(2):14-21.

[19] 顾娇杨,张兵,郭明强,2016.临兴区块深部煤层气富集规律与勘探开发前景[J].煤炭学报,41(1):72-79.

[20] 何丽娟,汪集旸,2007.沉积盆地构造热演化研究进展:回顾与展望[J].地球物理学进展,22(4):1215-1219.

[21] 胡宝林,高德燮,刘会虎,等,2017.淮南煤田二叠系沉积相特征及其与烃源岩的关系[J].煤田地质与勘探,45(6):1-6.

[22] 胡圣标,郝杰,付明希,等,2005.秦岭-大别-苏鲁造山带白垩纪以来的抬升冷却史:低温年代学数据约束[J].岩石学报,21(4):1167-1173.

[23] 胡圣标,汪集,1995.沉积盆地热体制研究的基本原理和进展[J].地学前缘,2(4):171-180.

[24] 嘉世旭,张先康,方盛明,2001.华北裂陷盆地不同块体地壳结构及演化研究[J].地学前缘,8(2):259-266.

[25] 贾建称,2007.沁水盆地晚古生代含煤沉积体系及其控气作用[J].地球科学与环境学报,29(4):374-382.

[26] 金振奎,王春生,张响响,2005.沁水盆地石炭-二叠系优质煤储层发育的沉积条件[J].科学通报,50(B10):32-37.

[27] 琚宜文,孙盈,王国昌,等,2015.盆地形成与演化的动力学类型及其地球动力学机制[J].地质科学,50(2):503-523.

[28] 琚宜文,王桂梁,卫明明,等,2014.中新生代以来华北能源盆地与造山带耦合演化过程及其特征[J].中国煤炭地质,26(8):15-19.

[29] 琚宜文,卫明明,侯泉林,等,2010.华北含煤盆地构造分异与深部煤炭资

源就位模式[J].煤炭学报,35(9):1501-1505.

[30] 琚宜文,卫明明,薛传东,2011.华北盆山演化对深部煤与煤层气赋存的制约[J].中国矿业大学学报,40(3):390-398.

[31] 李三忠,张国伟,周立宏,等,2011.中、新生代超级汇聚背景下的陆内差异变形:华北伸展裂解和华南挤压逆冲[J].地学前缘,18(3):79-107.

[32] 李贤庆,马安来,熊波,等,1997.新疆三塘湖盆地侏罗系烃源岩显微组分剖析及其生烃模式[J].西南石油学院学报,4:31-35.

[33] 林伟,王军,刘飞,等,2013.华北克拉通及邻区晚中生代伸展构造及其动力学背景的讨论[J].岩石学报,29(5):1791-1810.

[34] 刘宝珺,1980.沉积岩石学[M].北京:地质出版社.

[35] 刘得光,周路,李世宏,等,2020.玛湖凹陷风城组烃源岩特征与生烃模式[J].沉积学报,38(5):946-955.

[36] 刘会虎,胡宝林,徐宏杰,等,2015.淮南潘谢矿区二叠系泥页岩构造热演化特征[J].天然气地球科学,26(9):1696-1704.

[37] 鲁静,邵龙义,孙斌,等,2012.鄂尔多斯盆地东缘石炭-二叠纪煤系层序-古地理与聚煤作用[J].煤炭学报,37(5):747-754.

[38] 吕大炜,2009.华北晚古生代海侵事件沉积及古地理特征研究[D].青岛:山东科技大学.

[39] 马东民,陈跃,杨甫,等,2018.低阶煤储层甲烷吸附解吸过程中导电性变化规律[J].资源与产业,20(4):1-8.

[40] 马寅生,2001.燕山东段下辽河地区中新生代盆山构造演化[J].地质力学学报,7(1):79-92.

[41] 马永生,田海芹,2006.华北盆地北部深层层序古地理与油气地质综合研究[M].北京:地质出版社.

[42] 孟元库,汪新文,李波,等,2015.华北克拉通中部沁水盆地热演化史与山西高原中新生代岩石圈构造演化[J].西北地质,48(2):159-168.

[43] 秦勇,2018.中国煤系气共生成藏作用研究进展[J].天然气工业,38(4):26-36.

[44] 秦勇,申建,沈玉林,2016.叠置含气系统共采兼容性:煤系"三气"及深部煤层气开采中的共性地质问题[J].煤炭学报,41(1):14-23.

[45] 秦勇,袁亮,胡千庭,等,2012.我国煤层气勘探与开发技术现状及发展方向[J].煤炭科学技术,40(10):1-6.

[46] 邱楠生,何丽娟,常健,等,2020.沉积盆地热历史重建研究进展与挑战

[J].石油实验地质,42(5):790-802.

[47] 邱楠生,胡圣标,何丽娟,2019.沉积盆地地热学[M].东营:中国石油大学
出版社.

[48] 邱楠生,左银辉,常健,等,2015.中国东西部典型盆地中-新生代热体制对
比[J].地学前缘,22(1):157-168.

[49] 邱瑞照,邓晋福,周肃,等,2004.华北地区岩石圈类型:地质与地球物理
证据[J].中国科学(D辑),8:698-711.

[50] 邱瑞照,李廷栋,邓晋福,等,2006.中国大地构造单元新格局:从岩石圈
角度的思考[J].中国地质,33(2):401-410.

[51] 任纪舜,姜春发,张正坤,等,1980.中国大地构造及其演化:1:400万中国
大地构造图简要说明[M].北京:科学出版社.

[52] 任战利,1998.中国北方沉积盆地构造热演化史恢复及其对比研究[D].
西安:西北大学.

[53] 任战利,肖晖,刘丽,等,2005.沁水盆地中生代构造热事件发生时期的确
定[J].石油勘探与开发,32(1):43-47.

[54] 任战利,张盛,高胜利,等,2007.鄂尔多斯盆地构造热演化史及其成藏成
矿意义[J].中国科学(D辑),S1:23-32.

[55] 任战利,赵重远,陈刚,等,1999.沁水盆地中生代晚期构造热事件[J].石
油与天然气地质,20(1):46-48.

[56] 桑树勋,陈世悦,刘焕,2001.华北晚古生代成煤环境与成煤模式多样性
研究[J].地质科学,36(2):212-221.

[57] 邵龙义,王东东,董大啸,2020.鄂尔多斯盆地含煤岩系沉积环境与聚煤
规律[M].北京:地质出版社.

[58] 邵龙义,肖正辉,何志平,等,2006.晋东南沁水盆地石炭二叠纪含煤岩系
古地理及聚煤作用研究[J].古地理学报,8(1):43-53.

[59] 沈玉林,郭英海,李壮福,2006.鄂尔多斯盆地苏里格庙地区二叠系山西
组及下石盒子组盒八段沉积相[J].古地理学报,8(1):53-63.

[60] 孙彩蓉,2017.鄂尔多斯盆地东缘石炭-二叠系页岩沉积相及微量元素地
球化学研究[D].北京:中国地质大学(北京).

[61] 孙钦平,王生维,2006.大宁-吉县煤区含煤岩系沉积环境分析及其对煤层
气开发的意义[J].天然气地球科学,17(6):874-879.

[62] 孙少华,李小明,龚革联,等,1997.鄂尔多斯盆地构造热事件研究[J].科
学通报,42(3):306-309.

[63] 孙占学,张文,胡宝群,等,2006.沁水盆地大地热流与地温场特征[J].地球物理学报,49(1):130-134.

[64] 汪洋,邓晋福,姬广义,2001.燕山造山带侏罗-白垩纪岩浆活动与构造序列的关系初探[J].北京地质,4:1-7.

[65] 王桂梁,琚宜文,郑孟林,等,2007.中国北部能源盆地构造[M].徐州:中国矿业大学出版社.

[66] 王桂梁,燕守勋,姜波,1992.鲁西中新生代复合伸展构造系统[J].中国矿业大学学报,21(3):1-12.

[67] 王鸿祯,1985.中国古地理图集[M].谢良珍,制图.北京:地图出版社.

[68] 王辉,2005.姬塬地区高束缚水成因低阻油层测井识别方法研究[D].北京:中国地质大学(北京).

[69] 王同和,王喜双,韩宇春,等,1999.华北克拉通构造演化与油气聚集[M].北京:石油工业出版社.

[70] 王云刚,魏建平,刘明举,2010.构造软煤电性参数影响因素的分析[J].煤炭科学技术,38(8):77-80.

[71] 王朱亭,2020.冀中坳陷大地热流分布特征及其岩石圈热结构[D].北京:中国科学院大学.

[72] 魏书宏,申有义,杨晓东,2017.沁水盆地榆社-武乡区块煤系页岩气储层特征评价[J].中国煤炭地质,29(8):25-31,38.

[73] 沃玉进,周雁,肖开华,2007.中国南方海相层系埋藏史类型与生烃演化模式[J].沉积与特提斯地质,27(3):94-100.

[74] 吴福元,葛文春,孙德有,等,2003.中国东部岩石圈减薄研究中的几个问题[J].地学前缘,10(3):51-57.

[75] 吴福元,徐义刚,高山,等,2008.华北岩石圈减薄与克拉通破坏研究的主要学术争论[J].岩石学报,24(6):1145-1174.

[76] 武昱东,琚宜文,侯泉林,等,2009.淮北煤田宿临矿区构造-热演化对煤层气生成的控制[J].自然科学进展,19(10):1134-1141.

[77] 肖贤明,刘德汉,傅家谟,1996.我国聚煤盆地煤系烃源岩生烃评价与成烃模式[J].沉积学报,14(S1):10-17.

[78] 谢英刚,孟尚志,万欢,等,2015.临兴地区煤系地层多类型天然气储层地质条件分析[J].煤炭科学技术,43(9):71-75,143.

[79] 徐振永,王延斌,陈德元,等,2007.沁水盆地晚古生代煤系层序地层及岩相古地理研究[J].煤田地质与勘探,35(4):5-7,11.

[80] 徐志斌,谢和平,吴语净,1989.京西煤田燕山早期挤压构造应力场有限元模拟研究[J].煤田地质与勘探,17(4):24-27.

[81] 薛志文,2019.二连盆地乌尼特坳陷早白垩世盆地三史分析与油气成藏研究[D].徐州:中国矿业大学.

[82] 杨俊杰,2002.鄂尔多斯盆地构造演化与油气分布规律[M].北京:石油工业出版社.

[83] 杨起,韩德馨,1979.中国煤田地质学(上册):煤田地质基础理论[M].北京:煤炭工业出版社.

[84] 姚艳斌,刘大锰,汤达祯,等,2007.华北地区煤层气储集与产出性能[J].石油勘探与开发,34(6):664-668.

[85] 姚艳斌,刘大锰,汤达祯,等,2010.沁水盆地煤储层微裂隙发育的煤岩学控制机理[J].中国矿业大学学报,39(1):6-13.

[86] 尹国庆,2007.医巫闾山变质核杂岩构造特征及其形成过程的有限元模拟[D].长春:吉林大学.

[87] 余坤,杨开珍,靖建凯,等,2018.淮南煤田含煤岩系沉积相类型特征与演化:以新集井田1001钻孔为例[J].煤田地质与勘探,46(1):20-27.

[88] 翟明国,2010.华北克拉通的形成演化与成矿作用[J].矿床地质,29(1):24-36.

[89] 翟明国,彭澎,2007.华北克拉通古元古代构造事件[J].岩石学报,23(11):2665-2682.

[90] 张国伟,董云鹏,裴先治,等,2002.关于中新生代环西伯利亚陆内构造体系域问题[J].地质通报,21(4):198-201.

[91] 张金川,姜生玲,唐玄,等,2009.我国页岩气富集类型及资源特点[J].天然气工业,29(12):109-114,151-152.

[92] 张金川,金之钧,袁明生,2004.页岩气成藏机理和分布[J].天然气工业,24(7):15-18.

[93] 张金川,陶佳,李振,等,2021.中国深层页岩气资源前景和勘探潜力[J].天然气工业,41(1):15-28.

[94] 张凯,2017.鄂尔多斯盆地东缘煤阶制约下煤储层物性发育特征研究[D].北京:中国地质大学(北京).

[95] 张路锁,2010.河北省煤田构造格局与构造控煤作用研究[D].北京:中国矿业大学(北京).

[96] 张旗,金惟俊,李承东,等,2009.中国东部燕山期大规模岩浆活动与岩石

圈减薄:与大火成岩省的关系[J].地学前缘,16(2):21-51.

[97] 赵冬,丁文龙,刘建军,等,2015.沁水盆地煤系天然气系统富集成藏的主控因素分析[J].科学技术与工程,15(22):137-147.

[98] 赵刚,2008.北京燕山地区燕山期火成岩分布及岩石圈减薄过程[D].北京:中国地质大学(北京).

[99] 赵可英,2015.鄂尔多斯盆地东北部上古生界泥页岩储层表征与评价[D].北京:中国地质大学(北京).

[100] 赵重远,刘池洋,1990.华北克拉通沉积盆地形成与演化及其油气赋存[M].西安:西北大学出版社.

[101] 郑建平,戴宏坤,2018.西太平洋板片俯冲与后撤引起华北东部地幔置换并导致陆内盆-山耦合[J].中国科学(地球科学),48(4):436-456.

[102] 郑建平,余淳梅,路凤香,等,2007.华北东部大陆地幔橄榄岩组成、年龄与岩石圈减薄[J].地学前缘,14(2):87-97.

[103] 郑书洁,2016.临兴地区煤系生储盖组合及其层序地层格架控制[D].徐州:中国矿业大学.

[104] 朱日祥,陈凌,吴福元,等,2011.华北克拉通破坏的时间、范围与机制[J].中国科学(地球科学),41(5):583-592.

[105] 朱晓明,2017.沁水盆地石炭-二叠系富有机质页岩厚度展布规律研究[J].中国矿山工程,46(4):54-58.

[106] 朱晓青,2013.华北克拉通中部晚古生代以来的构造演化:以沁水盆地为例[D].南京:南京大学.

[107] 祝武权,2017.临兴地区岩浆侵入背景下的煤层气聚集成藏作用研究[D].北京:中国地质大学(北京).

[108] 邹雯,陈海清,杨波,等,2016.山西临县紫金山岩体特征及其对致密气的成藏作用[J].石油地球物理勘探,51(S1):120-125.

[109] 邹艳荣,杨起,刘大锰,1999.华北晚古生代煤二次生烃的动力学模式[J].地球科学,24(2):189-192.

[110] ADAMS D D,HURTGEN M T,SAGEMAN B B,2010.Volcanic triggering of a biogeochemical cascade during oceanic anoxic event 2[J].Nature geoscience,3(3):201-204.

[111] ALGEO T J,LYONS T W,2006.Mo-total organic carbon covariation in modern anoxic marine environments:implications for analysis of paleoredox and paleohydrographic conditions[J].Paleoceanography,21

(1):1-23.

[112] ALLEN P A, ALLEN J R, 2013. Basin analysis: principles and application to petroleum play assessment[M]. 3rd ed. New Jersey: Wiley-Blackwell.

[113] BARKER C, 1996. Thermal modeling of petroleum generation: theory and applications[M]. Amsterdam: Elsevier Science and Technology Books.

[114] BEHAR F, BEAUMONT V, DE B PENTEADO H L, 2001. Rock-eval 6 technology: performances and developments[J]. Oil and gas science and technology, 56(2):111-134.

[115] BELICHENKO V G, GUOGI H, LI M, et al, 1993. Geodynamic map of Paleoasian ocean (eastern part)[C]//Report N 4 of the IGCP Project 283: The 4th Int. symp. on geodynamic evolution of Paleoasian Ocean, Novosibirsk, 15-24, June, 1993: Abstracts:29-30.

[116] BERNER R A, 1981. A new geochemical classification of sedimentary environments[J]. SEPM journal of sedimentary research, 51(2): 359-365.

[117] BONIS N R, RUHL M, K? RSCHNER W M, 2010. Climate change driven black shale deposition during the end-Triassic in the western Tethys[J]. Palaeogeography, palaeoclimatology, palaeoecology, 290(1/2/3/4):151-159.

[118] BOYNTON W V, 1984. Cosmochemistry of the rare earth elements: meteorite studies [M]//Rare Earth Element Geochemistry. Amsterdam: Elsevier:63-114.

[119] CALVERT S E, PEDERSEN T F, 1993. Geochemistry of recent oxic and anoxic marine sediments: implications for the geological record [J]. Marine geology, 113(1/2):67-88.

[120] CHANG J, QIU N S, LIU S, 2019. Post-Triassic multiple exhumation of the Taihang Mountains revealed via low-T thermochronology: implications for the paleo-geomorphologic reconstruction of the North China Craton[J]. Gondwana research, 68:34-49.

[121] CHANG J, QIU N S, ZHAO X Z, et al, 2018. Mesozoic and Cenozoic tectono-thermal reconstruction of the western Bohai Bay Basin (East

China) with implications for hydrocarbon generation and migration [J].Journal of Asian earth sciences,160:380-395.

[122] CHEN S B,ZHU Y M,WANG H Y,et al,2011.Shale gas reservoir characterisation:a typical case in the southern Sichuan Basin of China [J].Energy,36(11):6609-6616.

[123] CHURCH S E,TATSUMOTO M,1975.Lead isotope relations in oceanic Ridge basalts from the Juan de Fuca-Gorda Ridge area N. E. Pacific Ocean[J].Contributions to mineralogy and petrology,53(4): 253-279.

[124] CULLERS R L,2000.The geochemistry of shales,siltstones and sandstones of Pennsylvanian-Permian age,Colorado,USA:implications for provenance and metamorphic studies[J].Lithos,51(3):181-203.

[125] DAI S F,REN D Y,CHOU C L,et al,2012.Geochemistry of trace elements in Chinese coals:a review of abundances,genetic types,impacts on human health,and industrial utilization[J].International journal of coal geology,94:3-21.

[126] DANG W,ZHANG J C,TANG X,et al,2016.Shale gas potential of Lower Permian marine-continental transitional black shales in the Southern North China Basin,central China:characterization of organic geochemistry[J].Journal of natural gas science and engineering,28: 639-650.

[127] DEMAISON G J,MOORE G T,1980.Anoxic environments and oil source bed genesis[J].AAPG bulletin,64:1179-1209.

[128] DYPVIK H,HARRIS N B,2001.Geochemical facies analysis of fine-grained siliciclastics using Th/U,Zr/Rb and (Zr+Rb)/Sr ratios[J]. Chemical geology,181(1/2/3/4):131-146.

[129] FLORES R M,1998.Coalbed methane:from hazard to resource[J].International journal of coal geology,35(1/2/3/4):3-26.

[130] GREEN D H,1972.Magmatic activity as the major process in the chemical evolution of the earth's crust and mantle [M]// Developments in Geotectonics.Amsterdam:Elsevier:47-71.

[131] HACKER B R,RATSCHBACHER L,WEBB L,et al,1998.U/Pb zircon ages constrain the architecture of the ultrahigh-pressure Qinling-

Dabie Orogen,China[J].Earth and planetary science letters,161(1/2/3/4):215-230.

[132] HAKIMI M H,ABDULLAH W H,2015.Thermal maturity history and petroleum generation modelling for the Upper Jurassic Madbi source rocks in the Marib-Shabowah Basin,western Yemen[J].Marine and petroleum geology,59:202-216.

[133] HANTSCHEL T, KAUERAUF A I, 2009. Petroleum generation [M]//Fundamentals of Basin and Petroleum Systems Modeling. Berlin,Heidelberg:Springer Berlin Heidelberg:151-198.

[134] HAO F,ZHOU X H,ZHU Y M,et al,2011.Lacustrine source rock deposition in response to co-evolution of environments and organisms controlled by tectonic subsidence and climate,Bohai Bay Basin,China [J].Organic geochemistry,42(4):323-339.

[135] HASKIN L A,WILDEMAN T R,HASKIN M A,1968.An accurate procedure for the determination of the rare earths by neutron activation[J].Journal of radioanalytical chemistry,1(4):337-348.

[136] HE L J,2015.Thermal regime of the North China Craton:implications for craton destruction[J].Earth science reviews,140:14-26.

[137] HE L J,WANG J Y,2004.Tectono-thermal modelling of sedimentary basins with episodic extension and inversion,a case history of the Jiyang Basin,North China[J].Basin research,16(4):587-599.

[138] HEDGES J I,KEIL R G,1995.Sedimentary organic matter preservation:an assessment and speculative synthesis[J].Marine chemistry,49 (2/3):81-115.

[139] HELLINGER S J,SHEDLOCK K M,SCLATER J G,et al,1985.The Cenozoic evolution of the North China Basin[J].Tectonics,4(4): 343-358.

[140] HERGUERA J C, BERGER W H, 1991. Paleoproductivity from benthic foraminifera abundance:glacial to postglacial change in the west-equatorial Pacific[J].Geology,19(12):1173.

[141] HU L M,SHI X F,GUO Z G,et al,2013.Sources,dispersal and preservation of sedimentary organic matter in the Yellow Sea:the importance of depositional hydrodynamic forcing[J].Marine geology,335:

52-63.

[142] JIA SX,ZHANG X K,2005.Crustal structure and comparison of different tectonic blocks in North China [J]. Chinese journal of geophysics,48(3):672-683.

[143] JIANG N,LIU Y S,ZHOU W G,et al,2007.Derivation of Mesozoic adakitic magmas from ancient lower crust in the North China Craton [J].Geochimica et cosmochimica acta,71(10):2591-2608.

[144] JOHNSSON M J,HOWELL D J,BIRD K J,et al,1993.Thermal maturity patterns in Alaska:implications for tectonic evolution and hydrocarbon potential[J].AAPG bulletin,77:1874-1903.

[145] JONES B,MANNING D A C,1994.Comparison of geochemical indices used for the interpretation of palaeoredox conditions in ancient mudstones[J].Chemical geology,111(1/2/3/4):111-129.

[146] JU W,SHEN J,QIN Y,et al,2017.In-situ stress state in the Linxing region, eastern Ordos Basin, China: implications for unconventional gas exploration and production[J].Marine and petroleum geology,86:66-78.

[147] JU Y W, SUN Y, TAN J Q, et al, 2018. The composition, pore structure characterization and deformation mechanism of coal-bearing shales from tectonically altered coalfields in Eastern China[J].Fuel,234:626-642.

[148] JU Y W,WANG G Z,LI S Z,et al,2022.Geodynamic mechanism and classification of basins in the Earth system[J].Gondwana research,102:200-228.

[149] KUSKY T M,POLAT A,WINDLEY B F,et al,2016.Insights into the tectonic evolution of the North China Craton through comparative tectonic analysis:a record of outward growth of Precambrian continents [J].Earth science reviews,162:387-432.

[150] KUSKY T M,WINDLEY B F,ZHAI M G,2007.Tectonic evolution of the North China Block:from orogen to craton to orogen[J].Geological society,London,special publications,280(1):1-34.

[151] LASH G G,BLOOD D R,2014.Organic matter accumulation,redox, and diagenetic history of the Marcellus Formation, southwestern

Pennsylvania,Appalachian Basin[J].Marine and petroleum geology, 57:244-263.

[152] LI J,TANG S H,ZHANG S H,et al,2018.Characterization of unconventional reservoirs and continuous accumulations of natural gas in the Carboniferous-Permian strata,mid-eastern Qinshui Basin,China [J].Journal of natural gas science and engineering,49:298-316.

[153] LI S Z,SUO Y H,SANTOSH M,et al,2013.Mesozoic to Cenozoic intracontinental deformation and dynamics of the North China Craton [J].Geological journal,48(5):543-560.

[154] LI S Z,ZHAO G C,DAI L M,et al,2012.Mesozoic basins in Eastern China and their bearing on the deconstruction of the North China Craton[J].Journal of Asian earth sciences,47:64-79.

[155] LI S,SUO Y,DAI L,et al,2010.Development of the Bohai Bay basin and destruction of the North China Craton[J].Earth science frontiers, 17(4):64-89.

[156] LI W H,ZHANG Z H,LI Y C,et al,2013.The main controlling factors and developmental models of Oligocene source rocks in the Qiongdongnan Basin,northern South China Sea[J].Petroleum science, 10(2):161-170.

[157] LI Y,TANG D Z,WU P,et al,2016.Continuous unconventional natural gas accumulations of Carboniferous-Permian coal-bearing strata in the Linxing area,northeastern Ordos Basin,China[J].Journal of natural gas science and engineering,36:314-327.

[158] LI Y,WANG Z S,GAN Q,et al,2019.Paleoenvironmental conditions and organic matter accumulation in Upper Paleozoic organic-rich rocks in the east margin of the Ordos Basin,China[J].Fuel,252:172-187.

[159] LI Z X,1994.Collision between the North and South China blocks:a crustal-detachment model for suturing in the region east of the Tanlu fault[J].Geology,22(8):739.

[160] LIN W,WANG Q C,WANG J,et al,2011.Late Mesozoic extensional tectonics of the Liaodong Peninsula massif:response of crust to continental lithosphere destruction of the North China Craton[J].Science China earth sciences,54(6):843-857.

[161] LIU S A,LI S G,GUO S S,et al,2012.The Cretaceous adakitic-basalt-ic-granitic magma sequence on south-eastern margin of the North China Craton:implications for lithospheric thinning mechanism[J]. Lithos,134/135:163-178.

[162] LIU S F,HELLER P L,ZHANG G W,2003.Mesozoic basin develop-ment and tectonic evolution of the Dabieshan orogenic belt,central China[J].Tectonics,22(4):1038.

[163] LIU S F,STEEL R,ZHANG G W,2005.Mesozoic sedimentary basin development and tectonic implication,northern Yangtze Block, Eastern China:record of continent-continent collision[J].Journal of A-sian earth sciences,25(1):9-27.

[164] MENG Q R,LI S Y,LI R W,2007.Mesozoic evolution of the Hefei Basin in Eastern China:sedimentary response to deformations in the adjacent Dabieshan and along the Tanlu fault[J].Geological society of America bulletin,119(7/8):897-916.

[165] MENG Q R,WU G L,FAN L G,et al,2019.Tectonic evolution of early Mesozoic sedimentary basins in the North China Block[J].Earth science reviews,190:416-438.

[166] MIALL A D.Principles of sedimentary basin analysis[M]. Array Berlin:Springer,2000.

[167] MICHAUT C,JAUPART C,MARESCHAL J C,2009.Thermal evo-lution of cratonic roots[J].Lithos,109(1/2):47-60.

[168] MOHAMED A Y,WHITEMAN A J,ARCHER S G,et al,2016. Thermal modelling of the Melut Basin Sudan and South Sudan:impli-cations for hydrocarbon generation and migration[J].Marine and pe-troleum geology,77:746-762.

[169] MOLNAR P,TAPPONNIER P,1977.Relation of the tectonics of Eastern China to the India-Eurasia collision:application of slip-line field theory to large-scale continental tectonics[J].Geology,5(4):212.

[170] MORGAN P,1984.The thermal structure and thermal evolution of the continental lithosphere[J].Physics and chemistry of the earth,15: 107-193.

[171] NOFFKE N,GERDES G,KLENKEC T,2003.Benthic cyanobacteria

and their influence on the sedimentary dynamics of peritidal depositional systems (siliciclastic, evaporitic salty, and evaporitic carbonatic) [J].Earth science reviews,62(1/2):163-176.

[172] OLDOW J S,BALLY A W,AVÉ LALLEMANT H G,1990.Transpression,orogenic float,and lithospheric balance[J].Geology,18(10):991.

[173] OPERA A,ALIZADEH B,SARAFDOKHT H,et al,2013.Burial history reconstruction and thermal maturity modeling for the Middle Cretaceous-Early Miocene Petroleum System,southern Dezful Embayment,SW Iran[J].International journal of coal geology,120:1-14.

[174] PEDERSEN T F,CALVERT S E,1990.Anoxia vs productivity:what controls the formation of organic-carbon-rich sediments and sedimentary rocks? [J].AAPG bulletin,74:454-466.

[175] PIPER D Z,PERKINS R B,2004.A modern vs.Permian black shale— the hydrography,primary productivity,and water-column chemistry of deposition[J].Chemical geology,206(3/4):177-197.

[176] QI Y,JU Y W,TAN J Q,et al,2020.Organic matter provenance and depositional environment of marine-to-continental mudstones and coals in eastern Ordos Basin,China—evidence from molecular geochemistry and petrology[J].International journal of coal geology,217:103345.

[177] QIU N S,SU X G,LI Z Y,et al,2007.The Cenozoic tectono-thermal evolution of depressions along both sides of mid-segment of Tancheng-Lujiang fault zone,East China[J].Chinese journal of geophysics,50(5):1309-1320.

[178] QIU N S,ZUO Y H,CHANG J,et al,2014.Geothermal evidence of Meso-Cenozoic lithosphere thinning in the Jiyang sub-basin,Bohai Bay Basin,eastern North China Craton[J].Gondwana research,26(3/4):1079-1092.

[179] QIU N S,ZUO Y H,XU W,et al,2016.Meso-Cenozoic lithosphere thinning in the eastern North China Craton:evidence from thermal history of the Bohai Bay basin,North China [J]. The journal of geology,124(2):195-219.

[180] RADKE M,WELTE D H,WILLSCH H,1982.Geochemical study on a

well in the Western Canada Basin: relation of the aromatic distribution pattern to maturity of organic matter[J]. Geochimica et cosmochimica acta, 46(1):1-10.

[181] RITTS B D, DARBY B J, COPE T, 2001. Early Jurassic extensional basin formation in the Daqing Shan segment of the Yinshan belt, northern North China Block, Inner Mongolia[J]. Tectonophysics, 339 (3/4):239-258.

[182] RITTS B D, HANSON A D, DARBY B J, 2004. Sedimentary record of Triassic intraplate extension in North China: evidence from the non-marine NW Ordos Basin, Helan Shan and Zhuozi Shan[J]. Tectono-physics, 386(3/4):177-202.

[183] ROSS D J K, BUSTIN R M, 2009. Investigating the use of sedimentary geochemical proxies for paleoenvironment interpretation of thermally mature organic-rich strata: examples from the Devonian-Mississippian shales, Western Canadian Sedimentary Basin[J]. Chemical geology, 260(1/2):1-19.

[184] SAGEMAN B B, MURPHY A E, WERNE J P, 2003. A tale of shales: the relative roles of production, decomposition, and dilution in the ac-cumulation of organic-rich strata, Middle-Upper Devonian, Appalachian Basin[J]. Chemical geology, 195(1/2/3/4):229-273.

[185] SANTOSH M, LIU S J, TSUNOGAE T, et al, 2012. Paleoproterozoic ultrahigh-temperature granulites in the North China Craton: implica-tions for tectonic models on extreme crustal metamorphism[J]. Pre-cambrian research, 222/223:77-106.

[186] SCOTT A R, KAISER W R, AYERS W B, et al, 1994. Thermogenic and secondary biogenic gases, San Juan Basin, Colorado and new Mexico: implications for coalbed gas producibility[J]. AAPG bulletin, 78:1186-1209.

[187] SHEN Y L, QIN Y, GUO Y H, et al, 2016. Characteristics and sedi-mentary control of a coalbed methane-bearing system in lopingian (late Permian) coal-bearing strata of western Guizhou Province[J]. Journal of natural gas science and engineering, 33:8-17.

[188] SHEN Y L, QIN Y, WANG G X, et al, 2017. Sedimentary control on

the formation of a multi-superimposed gas system in the development of key layers in the sequence framework[J].Marine and petroleum geology,88:268-281.

[189] STAPLIN F L,1969.Sedimentary organic matter,organic metamorphism,and oil and gas occurrence[J].Bulletin of Canadian petroleum geology,17:47-66.

[190] SU X B,LIN X Y,LIU S B,et al,2005.Geology of coalbed methane reservoirs in the southeast Qinshui Basin of China[J].International journal of coal geology,62(4):197-210.

[191] SUN B L,ZENG F G,XIA P,et al,2018.Late Triassic-Early Jurassic abnormal thermal event constrained by zircon fission track dating and vitrinite reflectance in Xishan Coalfield,Qinshui Basin,central North China[J].Geological journal,53(3):1039-1049.

[192] TANG L,SONG Y,PANG X Q,et al,2020.Effects of paleo sedimentary environment in saline lacustrine basin on organic matter accumulation and preservation:a case study from the Dongpu Depression,Bohai Bay Basin,China[J].Journal of petroleum science and engineering,185:106669.

[193] TISSOT B,DURAND B,ESPITALI? J,et al,1974.Influence of nature and diagenesis of organic matter in formation of petroleum[J].AAPG bulletin,58:499-506.

[194] TRAP P,FAURE M,LIN W,2008.Contrasted tectonic styles for the Paleoproterozoic evolution of the North China Craton.Evidence for a~2.1 Ga thermal and tectonic event in the Fuping Massif[J].Journal of structural geology,30(9):1109-1125.

[195] TUTTLE M L,FAHY J W,ELLIOTT J G,et al,2014.Contaminants from Cretaceous black shale:II.Effect of geology,weathering,climate,and land use on salinity and selenium cycling,Mancos Shale landscapes,southwestern United States [J]. Applied geochemistry,46:72-84.

[196] WAN Y S,DONG C Y,WANG S J,et al,2014.Middle Neoarchean magmatism in western Shandong,North China Craton:shrimp zircon dating and LA-ICP-MS Hf isotope analysis[J].Precambrian research,

255:865-884.

[197] WANG C Y,SANDVOL E,ZHU L,et al,2014.Lateral variation of crustal structure in the Ordos block and surrounding regions,North China,and its tectonic implications[J].Earth and planetary science letters,387:198-211.

[198] WEDEPOHL K H,1971.Environmental influences on the chemical composition of shales and clays[J].Physics and chemistry of the earth,8:307-333.

[199] WEI C T,QIN Y,WANG G X,et al,2007.Simulation study on evolution of coalbed methane reservoir in Qinshui Basin,China[J].International journal of coal geology,72(1):53-69.

[200] WU F Y,JAHN B M,WILDE S,et al,2000.Phanerozoic crustal growth:U-Pb and Sr-Nd isotopic evidence from the granites in northeastern China[J].Tectonophysics,328(1/2):89-113.

[201] XIAN B Z,WANG J H,GONG C L,et al,2018.Classification and sedimentary characteristics of lacustrine hyperpycnal channels:triassic outcrops in the south Ordos Basin,central China[J].Sedimentary geology,368:68-82.

[202] XU L J,XIAO Y L,WU F,et al,2013.Anatomy of garnets in a Jurassic granite from the south-eastern margin of the North China Craton:magma sources and tectonic implications[J].Journal of Asian earth sciences,78:198-221.

[203] YAN C N,JIN Z J,ZHAO J H,et al,2018.Influence of sedimentary environment on organic matter enrichment in shale:a case study of the Wufeng and Longmaxi Formations of the Sichuan Basin,China[J].Marine and petroleum geology,92:880-894.

[204] YANG J H,WU F Y,CHUNG S L,et al,2005.Petrogenesis of Early Cretaceous intrusions in the Sulu ultrahigh-pressure orogenic belt,East China and their relationship to lithospheric thinning[J].Chemical geology,222(3/4):200-231.

[205] YE H,SHEDLOCK K M,HELLINGER S J,et al,1985.The North China Basin:an example of a Cenozoic rifted intraplate basin[J].Tectonics,4(2):153-169.

[206] YING J F,ZHANG H F,SUN M,et al,2007.Petrology and geochemistry of Zijinshan alkaline intrusive complex in Shanxi Province,western North China Craton:implication for magma mixing of different sources in an extensional regime[J].Lithos,98(1/2/3/4):45-66.

[207] YU C Q,CHEN W P,NING J Y,et al,2012.Thick crust beneath the Ordos Plateau:implications for instability of the North China Craton[J].Earth and planetary science letters,357/358:366-375.

[208] YU K,JU Y,ZHANG B,2020.Modeling of tectono-thermal evolution of Permo-Carboniferous source rocks in the southern Qinshui Basin,China:consequences for hydrocarbon generation[J].Journal of petroleum science and engineering,193:107343.

[209] YU Q, REN Z L, LI R X, et al, 2017. Paleogeotemperature and maturity evolutionary history of the source rocks in the Ordos Basin[J].Geological journal,52:97-118.

[210] ZHANG K J,2012.Destruction of the North China Craton:lithosphere folding-induced removal of lithospheric mantle? [J].Journal of geodynamics,53:8-17.

[211] ZHANG K J,1997.North and South China collision along the eastern and southern North China margins[J]. Tectonophysics, 270 (1/2): 145-156.

[212] ZHANG S H,ZHAO Y,DAVIS G A,et al,2014.Temporal and spatial variations of Mesozoic magmatism and deformation in the North China Craton:implications for lithospheric thinning and decratonization[J].Earth science reviews,131:49-87.

[213] ZHAO G,SUN M,WILDE S A,et al,2005.Late Archean to Paleoproterozoic evolution of the North China Craton:key issues revisited[J].Precambrian research,136(2):177-202.

[214] ZHU R X, CHEN L, WU F Y, et al, 2011. Timing, scale and mechanism of the destruction of the North China Craton[J].Science China earth sciences,54(6):789-797.

[215] ZHU R X,ZHANG H F,ZHU G,et al,2017.Craton destruction and related resources[J].International journal of earth sciences,106(7):2233-2257.

[216] ZUO Y H, QIU N S, ZHANG Y, et al, 2011. Geothermal regime and hydrocarbon kitchen evolution of the offshore Bohai Bay Basin, North China[J]. AAPG bulletin, 95(5): 749-769.